全国职业教育"十一五"规划教材

Dreamweaver 网页制作简明教程

北京金企鹅文化发展中心　策划

常春英　王雯捷　唐毅　主编

航空工业出版社

北京

内 容 提 要

本教程是一本专门为中、高等职业教育学校及各类培训机构精心打造的网页制作教材。在内容选取上，紧扣"Dreamweaver 网页制作"教学大纲，并充分考虑了 Dreamweaver 网页制作的实际应用需求；在讲述方式上，采用了循序渐进和精讲多练的方式。

本书以 Dreamweaver 8 版本为基础进行介绍，主要内容包括：网页基础知识、Dreamweaver 8 入门、输入与编辑基本网页元素、构建网页布局、应用超链接和行为、应用样式表、应用动画和多媒体元素、应用模板和库、应用表单和表单对象及动态网页制作入门等知识。

本书可作为中、高等职业教育学校及各类培训机构的专用教材，也可供广大初、中级网页制作爱好者自学。

图书在版编目（CIP）数据

Dreamweaver 网页制作简明教程 / 常春英，王雯捷，唐毅主编.—北京：航空工业出版社，2009.6
　ISBN　978-7-80243-339-7

　Ⅰ.D… Ⅱ.①常…②王…③唐… Ⅲ. 主页制作—图形软件，Dreamweaver 8—教材　Ⅳ.TP393.092

中国版本图书馆 CIP 数据核字（2009）第 083165 号

Dreamweaver 网页制作简明教程
Dreamweaver Wangye Zhizuo Jianming Jiaocheng

航空工业出版社出版发行
（北京市安定门外小关东里 14 号　100029）
发行部电话：010-64815615　　010-64978486

北京忠信印刷有限责任公司印刷	全国各地新华书店经售
2009 年 6 月第 1 版	2009 年 6 月第 1 次印刷

开本：787×1092　　1/16　　印张：13.75　　字数：343 千字
印数：1—5000　　　　　　　　　　　　定价：22.00 元

前　言

Dreamweaver 是当今最流行的网页制作软件，它以其强大的功能和方便快捷的操作在网页制作领域得到了广泛的应用。正因为如此，越来越多的网页制作人员加入到学习 Dreamweaver 的行列。他们一方面希望能够提高自己的制作水平和工作效率，另一方面也希望在激烈的竞争中加重自己的就业砝码。

目前在售的 Dreamweaver 培训教材普遍存在两个问题：一是篇幅太长，不利于教学；二是篇幅虽不长，但只简单罗列了软件功能，没有与实际应用结合，更没有实例与使用技巧，无法满足实际工作的需要，因而教学效果较差。

本书特色

❖ 精心安排内容：本书通过合理安排内容，让读者循序渐进地学习 Dreamweaver 的各项功能，从而让学习者从对 Dreamweaver 一无所知，到轻松制作出专业的网站。

❖ 模拟课堂：本书叙述方式就像教师在课堂上讲课，对基本知识的介绍言简意赅，不拖泥带水；对于一些难以理解的内容，及时给出了相关操作实例，从而帮助学生理解所学内容。

❖ 实例丰富、边学边练：书中大多数知识点都以实例形式给出，或者先讲解基础知识，然后再给出相关练习，从而真正体现了计算机教学的特点。

❖ 课后总结和练习：通过课后总结，读者可了解每章的重点和难点；通过精心设计的课后练习，读者可检查自己的学习效果。

❖ 学以致用、综合实例：书的最后给出了一个综合实例，从而达到使读者学以致用、活学活用、巩固所学、加深理解的目的。

本书内容

❖ 第 1 章：介绍与网页或网页制作相关的基础知识。

❖ 第 2 章：介绍 Dreamweaver 8 的工作界面，网站创建与管理以及网页基本页面属性的设置。

❖ 第 3 章：介绍文本、图像等基本网页元素的输入与编辑方法。

❖ 第 4 章：介绍使用表格和框架构建网页布局的方法。

❖ 第 5 章：介绍超链接和行为在网页制作中的应用。

❖ 第 6 章：介绍样式表的创建与应用方法。

❖ 第 7 章：介绍动画、视频等多媒体元素的应用。

❖ 第 8 章：介绍应用模板和库提高网页制作效率的方法。

❖ 第 9 章：介绍表单和表单对象在网页中的应用方法。

❖ 第 10 章：以留言板的制作为例，介绍使用 Dreamweaver 制作动态网页的方法。

❖ 第 11 章：通过一个综合实例，详细介绍了 Dreamweaver 在实际工作中的应用。

本书适用范围

本书可作为中、高等职业教育学校及各类培训机构的专用教材，也可供各类中专、高职学校的学生以及广大初、中级网页制作爱好者自学。

本书课时安排建议

章节	课时	备注
第 1 章	3 课时	全章都重点讲解
第 2 章	4 课时	全章需要重点讲解，并上机操作
第 3 章	3 课时	全章需要重点讲解，并上机操作
第 4 章	4 课时	全章需要重点讲解，并上机操作
第 5 章	3 课时	5.1 节需要重点讲解，并上机操作
第 6 章	3 课时	全章需要重点讲解，并上机操作
第 7 章	2 课时	全章需要重点讲解，并上机操作
第 8 章	3 课时	全章需要重点讲解，并上机操作
第 9 章	3 课时	全章需要重点讲解，并上机操作
第 10 章	5 课时	全章需要重点讲解，并上机操作
第 11 章	3 课时	全章需要重点讲解，并上机操作
总课时		36 课时

课件、素材下载与售后服务

本书配有精美的教学课件，并且书中用到的全部素材和制作的全部实例都已整理和打包，读者可以登录我公司网站（http://www.bjjqe.com）下载。如果读者在学习中有什么疑问，也可登录我公司网站去寻求帮助，我们会及时解答。

本书作者

本书由北京金企鹅文化发展中心策划，常春英、王雯捷、唐毅主编，并邀请一线培训学校的老师参与编写。主要编写人员有：郭玲文、白冰、姜鹏、李秀娟、郭燕、丁永卫、孙志义、顾升路、贾洪亮、单振华、侯盼盼等。

尽管我们在写作本书时已竭尽全力，但书中仍会存在这样或那样的问题，欢迎读者批评指正。

编　者
2009 年 5 月

目　录

第1章 网页基础知识

如今，互联网已经渗透到了人们的日常生活中，想要学习制作网页的人也逐渐多起来；但是，要制作网页，最好首先了解一下与网页相关的基础知识。例如，网页构成、互联网、域名、浏览器、网页制作软件和网站建设流程等。本章就来介绍这方面的知识。

本章要点

1.1 网页构成要素

从浏览者的角度看，网页中无非就是一些文字、图片、动画等。但从专业的角度来讲，这些元素都有自己的名字，可以将他们分为站标、导航条、广告条、标题栏和按钮等，如图1-1所示。

图1-1 网页构成要素

1.1.1 站标

站标也叫 Logo，是网站的标志，其作用是使人看见它就能够联想到企业。因此，网站Logo 通常采用企业的 Logo。

Logo 一般采用带有企业特色和思想的图案，或是与企业相关的字符或符号及其变形，当然也有很多是图文组合，如图 1-2 所示。

图 1-2　网站或企业 LOGO

在网页设计中，通常把 Logo 放在页面的左上角，大小没有严格要求；不过，考虑到网页显示空间的限制，要求 Logo 的尺寸不能太大。此外，Logo 普遍没有过多的色彩和细腻的描绘。现在有些网站使用动感 Logo，取得了很好的效果。

如果要自己设计网站 Logo，应掌握一些 Logo 设计的技巧。例如：

- 字体的选择要与网站整体风格相符，不要一味追求美观花哨。
- 使用色彩时，既要注意视觉上的美感，又要使其与网站内容相呼应。
- 可以采用边框，使用反差与对比等手法来强调 Logo 中的主体。
- Logo 的形状尽量保持视觉上的平衡，细部要讲究线条的流畅。

1.1.2　导航条

导航条是网站内多个页面的超链接组合，它可以引导浏览者轻松找到网站中的各个页面，导航条也因此而得名。同时，导航条也是网站中所有重要内容的概括，可以让浏览者在最短时间内了解网站的主要内容。

设计导航条时，应注意如下几点：

- 如果网站内容不多，可以根据网站风格尝试灵活摆放，也可以使用图片或 Flash 动画等，如图 1-3 所示。

图 1-3　灵活摆放的导航条

- 如果网站栏目很多，可以将导航条分为多排放置在 LOGO 的下方或右侧，为便于观看，可为各排设置不同的底色，如图 1-4 所示。

图 1-4　多排导航条

1.1.3　广告条

广告条又称 Banner，其功能是宣传网站或替其他企业做广告。Banner 的尺寸可以根据版面需要来安排，一般大型商务网站都有自己的标准尺寸和摆放位置。

在 Banner 的制作过程中有一些要点需要注意：

- Banner 可以是静态的，也可以是动态的。现在使用动态的居多，动态画面容易引起浏览者的注意。
- Banner 的体积不宜过大，尽量使用 GIF 格式的图片与动画或 Flash 动画，因为这两种格式的文件体积小，载入时间短。
- Banner 中的文字不要太多，只要达到一定的提醒效果就可以，通常是一两句企业的广告语。
- Banner 中图片的颜色不要太多，尤其是 GIF 格式的图片或动画，要避免出现颜色的渐变和光晕效果，因为 GIF 格式仅支持 256 种颜色，颜色的连续变换会看出明显的断层甚至光斑，影响效果。

1.1.4　标题栏

此处的标题栏不是指整个网页的标题栏，而是网页内部各版块的标题栏，是各版块内容的概括。它使得网页内容的分类更清晰、明了，大大地方便了浏览者。

标题栏可以是文字加单元格背景，也可以是图片，一般大型网站都采用前者，一些内容少的小网站常采用后者，如图 1-5 所示。

图 1-5　标题栏

1.1.5 按钮

在现实生活中，按钮通常是启动某些装置或机关的开关。网页中的按钮也沿用了这个概念。网页中的按钮被点击之后，网页会实现相应的操作，比如页面跳转，或数据的传输等，图 1-6 是目前比较有代表性的几个按钮。

图 1-6　按钮

1.2　网页相关知识简介

为使大家的学习目标更明确，在学习网页制作之前，我们先来简单了解一下与网页相关的基础知识。

1.2.1 网页的本质

要问网页是什么，你可能会说，网页不就是一幅幅的画面嘛！的确，这句话并没有错。如果你只是学习上网，这也就足够了；但是，要学习制作网页，就必须知道网页的本质。

通过前面的学习，我们知道网页中除了包含文字外，还包含图像、动画等内容。那么，网页是如何将这些元素有机地组合在一起了呢？打开网站"人民网"，在浏览器中选择"文件"＞"另存为"菜单，将网页保存到磁盘中，然后看看网页及其组成素材，如图 1-7 所示。

图 1-7　网页及其组成素材

事实上，我们看到的一个个网页都是由多个文件组成的。网页文件是"根"，图像和动画文件都是"枝叶"。图像和动画是通过链接的形式插入到网页中的,后面我们将详细讲解其插入方法。

知识库
当我们在浏览器地址栏中输入网址(后面将详细讲述网址的概念),并按下回车键后,本地计算机首先通过浏览器将要浏览的网页地址发送给存放网页的服务器,服务器在收到请求后,即将网页文件及其用到的图像文件、动画文件和其他文件发送给客户机。客户机上的浏览器则通过解释执行网页文件中的命令,将网页完整地显示在浏览器中,整个过程如图 1-8 所示。

图 1-8　显示网页的过程

1.2.2　互联网

互联网(Internet),又叫因特网,它是目前世界上最大的计算机网络,将无数广域网、局域网及单机按照一定的通讯协议组织在一起,方便了计算机之间的信息传递。

Internet 由计算机、网线和网络互联设备组成。Internet 中的计算机基本上可以分为三类:享受服务的、提供服务的和既享受又提供服务的。比如我们用来上网的计算机,大部分都属于第一类,通常我们称其为客户机;而我们访问的网站所在的主机都是提供服务的,它们被称作服务器。

知识库
在制作好网站后需要将其传送到提供服务的主机上,其他计算机才能浏览其内容。

网线的作用是将所有的计算机都连接在一起,并充当它们之间联系的通道。
网络互联设备有很多,如交换机、路由器等,它们主要充当信息中转站。

1.2.3 网站、网页和主页

互联网能在人们的生活中占据重要作用，主要是各种网站的功劳。通过网站，人们足不出户就可以看新闻、读报纸、聊天，甚至可以买卖东西。下面分别列出了网站、网页和主页的概念。

📖 通俗地讲，网站是多个网页的集合，各个网页通过超级链接构成一个网站整体。

📖 网页分为动态网页和静态网页。动态网页可提供交互式的操作功能，如各种论坛、留言板和聊天室等都属于动态网页，人们可以在动态网页上发表自己的论点并浏览别人的论点。而静态网页则相反，它只供浏览者浏览，而不提供交互功能。网页可以存放在世界上任何一台服务器中，它经由网址（URL）来识别与存取。

知识库　　动态网页与网页上的动画、滚动效果等视觉上的"动态效果"不是一回事。动态网页可以是纯文字的，也可以包含各种动画，这些只是网页内容的表现形式。总之，无论网页是否具有视觉上的"动态效果"，采用动态网站技术生成的网页都称为动态网页。

📖 主页也叫首页，即浏览者登录网站时看见的第一个网页，也是网站的入口。通过主页，浏览者可以很快了解网站的性质和主要内容，并通过其上的链接浏览网站中的其他页面，图 1-9 为易车网首页。

图 1-9　易车网首页

1.2.4 IP 地址与域名

虽然互联网上连接了不计其数的服务器与客户机，但它们并不是杂乱无章的。每一个主机在互联网上都有唯一的地址，我们称这个地址为 IP 地址（Internet Protocol Address）。IP 地址由 4 个小于 256 的数字组成，数字之间用点间隔。例如，"61.135.150.126"就是一个 IP 地址。

由于 IP 地址在使用过程中难于记忆和书写，人们又发现了一种与 IP 地址对应的字符来表示地址，这就是域名。每一个网站都有自己的域名，并且域名是独一无二的。例如，我们只需在浏览器地址栏中输入 www.sohu.com，就可以访问搜狐网站。

知识库

在创建好网站后需要申请域名，并上传网站，别人才能通过互联网看到你的网站。

1.2.5　网址

网址又叫 URL，英文全称是"Uniform Resource Locator"，即统一资源定位符。它是一种网络上通用的地址格式，用于标识网页文件在网络中的位置。

一个完整的网址由通信协议名称、域名或 IP 地址、网页在服务器中的路径和文件名 4 部分组成。例如，对于图 1-10 所示的网址 http://v.blog.sina.com.cn/a/520633.html，http 是超文本传输协议，v.blog.sina.com.cn 是域名，a 是指文件在服务器中的路径，520633.html 是指文件名。

图 1-10　网址示例

1.2.6　浏览器

上网浏览网页需要通过浏览器，目前大多数用户使用的是微软公司的 IE 浏览器（Internet Explorer），其他浏览器还有 Netscape Navigator、Mosaic、Opera、火狐等。国内厂商开发的浏览器主要有腾讯 TT、遨游（Maxthon Browser）等。

IE 是微软公司推出的免费浏览器，它最大的优点在于：直接绑定在 Windows 操作系统中，用户只要安装了 Windows 操作系统，就可以使用 IE 浏览器实现网页浏览。图 1-11 为 IE 浏览器的操作界面。

图 1-11　IE 浏览器操作界面

在制作网页时一定要考虑不同浏览者使用的浏览器，最好能在不同的浏览器上进行测试，尽量兼顾所有的浏览器，以使所有浏览者都能看到完整的网页。

课堂练习 1　在浏览器中打开金企鹅网站

下面通过在 IE 浏览器中打开金企鹅网站，来练习一下域名、网址和浏览器的应用。

（1）启动 IE 浏览器，在地址栏中输入金企鹅网站域名 "www.bjjqe.com"，如图 1-12 所示。

图 1-12　在 IE 地址栏中输入金企鹅网站域名

（2）单击地址栏右侧的 "转到" 按钮 ，或按【Enter】键，地址栏中自动变成了网址 "http://www.bjjqe.com/"，并打开金企鹅网站首页，如图 1-13 所示。

图 1-13　打开金企鹅网站首页

1.2.7　网站管理与网页制作相关软件

目前用于网站管理与网页制作的软件主要是 Dreamweaver。它支持 DHTML 语言、Flash 动画、插件等，能实现动态按钮、下拉菜单等功能。另外，它还可以作为动态网站的开发环境。本书将以该软件为工作环境，并结合诸多实例带领大家共同走进网页设计的大门。

在进行网页制作时，除需要 Dreamweaver 外，还会用到 Fireworks、Flash、Photoshop 等辅助软件，这些软件的主要功能与特点如下：

- Fireworks：网页制作软件三剑客之一。主要用于制作网页图像、网站标志、GIF 动画、图像按钮与导航栏等。

- Flash：网页制作软件三剑客之一。主要用于制作矢量动画，如广告条、网站片头动画、动画短片、MTV 等。此外，利用该软件还可以制作交互性很强的游戏、网页、课件等。

- Photoshop：Adobe 公司出品的一款优秀而强大的图形图像处理软件，起初它的应用领域主要是平面设计而不是网页设计，但是它所具有的强大功能完全涵盖了网页设计的需要（除了多媒体）。

 比较常见的图像处理与动画制作软件还有：CorelDraw（优秀的矢量绘图软件）、Illustrator（功能强大的矢量绘图软件）、FreeHand（优秀的矢量绘图软件，也可用来制作网页图像）、GIF Animator（GIF 动画制作软件）、Cool3D（特效字动画制作软件）及 SwishMax（小巧却十分强大的动画制作工具，支持导出 swf 格式）等。

1.2.8 XHTML 语言简介

XHTML 是 Extensible HyperText Markup Language(可扩展超文本标记语言)的英文缩写，它的前身是 HTML。由于 HTML 代码烦琐，结构松散，所以推出了 XHTML。也可以说，XHTML 是 HTML 的一个升级版本。

XHTML 语言是网页制作的基础，在网页制作软件出现之前，人们是靠手写代码来制作网页的。我们在 Dreamweaver 的可视化环境中制作网页时，系统自动将这些设计"翻译"成了 XHTML 语言，并保存在网页文档中。因此，我们使用 Dreamweaver 8 制作网页的过程，实际上就是编写 XHTML 语言的过程。

虽说 Dreamweaver 已经实现了可视化编辑，但适当地掌握一些 XHTML 语法还是非常有益的。在 Dreamweaver 中新建文档便可创建一个简单的 XHTML 文档，如图 1-14 所示。

图 1-14 在 Dreamweaver 中创建的 XHTML 文档

其中的 <!DOCTYPE html PUBLIC "-//W3C//DTD XHTML 1.0 Transitional//EN" "http://www.w3.org/TR/xhtml1/DTD/xhtml1-transitional.dtd">，以 DOCTYPE 开头，也可称为 DOCTYPE 指定代码，它是 XHTML 的格式标记，用来告诉浏览器代码的类型，这里的代码类型是 xhtml1.0 transitional。

XHTML 语言的核心是标签（或者称为标记）。也就是说，我们在浏览网页时看到的文字、图像、动画等在 XHTML 文档中都是用标签来描述的。一个完整的 XHTML 文档由<html>标签开始，由</html>标签结束，所有的 HTML 代码都应写在<html>标签与</html>标签之间。

起始标签<head>与结束标签</head>之间的内容是 XHTML 文档的头部，其中主要包括：由"meta"对象声明的页面类型（"text/html"）和编码方式（"gb2312"），由起始标签<title>和结束标签</title>指明的文档标题，以及由起始标签<style>和结束标签</style>构成的 CSS 层叠样式表（第 6 章将会做详细介绍）。另外，我们还可以在这里加入由起始标签<script>和结束标签</script>包含的 JavaScript 脚本代码。

起始标签<body>和结束标签</body>之间是 XHTML 文档的主体，也是我们进行网页设计的主要部分。

1.2.9　脚本语言简介

脚本语言是基于对象的编程语言，网页中常用的有 VBScript、JScript 和 JavaScript，主要用来制作一些特殊效果，以弥补 XHTML 的不足。现在有很多网站都提供网页特效的下载，这些网页特效便是用脚本语言制作的，其形式如图 1-15 所示。

图 1-15　脚本语言形式

VBScript 和 JScript 是微软的产品，IE 都支持。JavaScript 是 Netscape 的产品，不仅适用于 Netscape，同时和 IE 也有很好的兼容性，可以说是一种通用的脚本语言。本书中的脚本语言主要以 JavaScript 为例。

课堂练习 2　无缝滚动效果的实现

下面通过研究无缝滚动效果的实现，来认识一下 XHTML 和脚本语言在网页制作中的作用。所谓无缝滚动效果，就是多张不同的图片在屏幕上做横向或纵向地移动，效果如图 1-16

所示（源文件位于本书附赠素材"\素材与实例\常用网页特效\无缝滚动"文件夹中）。

图 1-16 无缝滚动效果

该效果是通过什么技术来实现的呢，下面我们就来看一下它的庐山真面目。在 Dreamweaver 中打开该网页文件，并切换到代码视图，如图 1-17 所示。

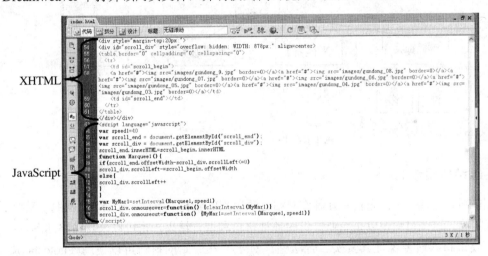

图 1-17 无缝滚动效果代码

由图 1-17 不难看出，该效果是使用 XHTML 和 JavaScript 技术实现的。

1.3 网站建设流程

新手在制作网站时往往不知道从何入手。针对这种情况，本节简要介绍一下网站建设流程。

1.3.1 网站需求分析

在整个网站建设中，网站需求分析是一个非常重要的环节，它关系到后面的整个制作过程和网站整体质量，所以一定要认真对待。

1. 确定网站主要内容

建设网站要有目的性，首先要确定网站的性质和受众，并预期网站发布后的反响。之后就要开始组织网站内容，如果是企业宣传网站，受众是与其相关的企业或个人，主要内容应该是企业的经营项目、企业背景和企业所获殊荣等；如果是电子商务网站，受众就是消费者，主要内容就应该是商品的各种信息；如果是个人主页，那么所有你感兴趣的东西都可以成为网站内容。

2. 规划网站主要栏目

确定了网站内容后，就要开始进行网站规划。例如，将网站的内容划分成哪些栏目，从而使网站既便于浏览者的浏览，也有利于网站将来的维护和更新。

此外，在网站的每个主栏目下可能还有子栏目，这些都应该在具体制作网站之前先划分清楚。图 1-18 显示了一个小型企业网站的网站栏目结构图。

图 1-18 网站栏目结构图

3. 收集网站所用素材

在制作网站之前，应首先收集好制作网站时要用到的素材，包括文字资料、图片、动画、声音、视频等。这些材料可以是企业提供的各种材料和调查结果，也可以来自网络和图片库等媒体，收集材料时要保证其真实、合法性。对于一些原始的材料可以使用 Photoshop、Fireworks、Flash 等软件进行处理，以使其更好地应用于网页。

提供网页素材下载的网站有 3lian 素材网（http://www.3lian.com/）、网页制作大宝库（http://www.dabaoku.com/）、中国站长站（http://www.chinaz.com/）和素材中国（http://www.sccnn.com/）等。图 1-19 显示了 3lian 素材网的首页。

1.3.2 设计制作网站页面

在做好了充足的准备后，就可以开始实际操作了。该过程主要包括设计和制作页面，所谓设计，就是用图像处理软件（如 Photoshop、Fireworks 等）设计好网页效果图，并将设计好的效果图进行切割导出，图 1-20 显示了本书实例之———"火百合"网站的效果图。

图 1-19 3lian 素材网首页

图 1-20 "火百合"网站效果图

提示

像 Photoshop、Fireworks 等图像处理软件，一般都有切割图片的功能。

　　将切割好的图片进行导出后，就可以在 Dreamweaver 中组织网站内容了。包括输入文本、插入图片、动画等。此外，还可根据需要为网页增加一些特效，比如闪烁的字幕、跳出动画、可变换形状的鼠标指针等，这些多是通过 JavaScript 实现的。这些特效可以使网页看起来更活泼，从而为网页增色不少。

1.3.3 空间和域名申请

　　要使别人能通过互联网访问你的网站，就需要将其上传到服务器上，并拥有一个属于自己的域名。这就需要申请虚拟空间和域名。

1. 申请虚拟空间

所谓虚拟空间，就是互联网上的一台功能相当于服务器级的电脑或虚拟主机，该电脑要用专线或其他形式 24 小时与因特网相连。

 知识库　　所谓虚拟主机是指：在一台电脑中运行着为多个用户服务的服务器程序，各个程序之间互不干扰。每个虚拟主机都具有独立域名和 IP 地址，在外界看来，这些虚拟主机和一台完整的主机一样。

服务器不仅可以存放公司的网页，为浏览者提供浏览服务，还可以充当"电子邮局"的角色，收发公司的电子邮件。根据需要，还可以在服务器上添加各种各样的网络服务功能，前提是有足够的技术支持。

目前来说，服务商能够提供的虚拟空间模式主要有两种：主机托管和虚拟主机，用户可根据自己网站的规模和功能模块进行选择。要申请虚拟空间，只需登录到任何一家提供虚拟空间服务的网站即可，如"e 网通"（http://www.ewont.com）、"你好万维网"（http://www.nihao.cn）、"中资网"（http://web.114.com.cn）、"中国万网"（http://www.net.cn/）、"西部数码"（http://www.netinter.cn/）等。当然，这需要一定的费用，图 1-21 为中国万网的首页。

图 1-21　中国万网首页

2. 申请域名

域名的概念已经在前面做了简单介绍，这里不再赘述。域名的申请方法与虚拟空间相同，凡提供虚拟空间服务的网站一般都提供域名服务。

1.3.4　测试和发布网站

有了空间和域名后，就可以测试并发布网站了，网站测试一般包括服务器稳定和安全测试、程序和数据库测试、网页兼容性测试等。

可以先在本地计算机上使用服务器软件，如 IIS，来进行网站测试。如果在本地计算机可以正常运行，便可以利用 Dreamweaver 或专门的 FTP 软件将已完成的网站上传至虚拟主机，进行下一步的测试。为确保网站稳定可靠，可以使用不同的系统和浏览器多次登录进行测试。测试通过后，网站就可以被访问了。

1.3.5　网站推广

网站制作好后，还要进行宣传推广，不然被淹没在浩如烟海的网络海洋中，也就起不到建立站点的作用了，那么如何推广呢，下面讲述几种常用的方法。

（1）注册到搜索引擎

目前最经济、实用和高效的网站推广形式就是搜索引擎登录，比较有代表性的搜索引擎有：百度（www.baidu.com）、Google（www.google.cn）、雅虎（www.yahoo.com.cn）、搜狐（www.sohu.com）等。

（2）交换广告条

现在有很多提供广告交换信息的网站，我们称之为广告交换网。登录到该类网站，注册并填写一些主要信息，即可与其他网站进行广告交换。图 1-22 是提供广告交换的阿里妈妈网站（http://www.alimama.com/）。

图 1-22　阿里妈妈网站

另外，也可以跟一些合作伙伴或者朋友的网站交换链接，很多网站都设有链接栏目。

（3）宣传

将网站网址印在公司每个人的名片和公司宣传册上，向自己的客户宣传网站。

（4）网络广告

可以在一些大型的门户网站上放上宣传自己公司的横幅广告。

（5）报纸、杂志

可以在传统的媒体（如报纸、杂志等）上登广告宣传自己的网站。

课后总结

本章主要讲述了一些网页基础知识，如网页构成要素，网页本质、IP 地址与域名、网址、浏览器以及网站建设流程等。只有了解了这些基础知识，才能更好地学习后面的内容。

思考与练习

一、填空题

1. 站标也叫＿＿＿＿，是网站的标志，其作用是使人看见它就能够联想到企业。因此，网站 Logo 通常采用企业的 Logo。

2. 广告条又称＿＿＿＿＿＿，其功能是宣传网站或替其他企业做广告。

3. 由于 IP 地址在使用过程中难于记忆和书写，人们又发现了一种与其对应的字符来表示地址，它就是＿＿＿＿＿＿。

4. ＿＿＿＿＿＿又叫 URL，英文全称是 "Uniform Resource Locator"，即统一资源定位符，它是一种网络上通用的地址格式，用于标识网页文件在网络中的位置。

5. 在进行网页制作时，除了需要 Dreamweaver 外，还会用到＿＿＿＿＿＿＿＿、＿＿＿＿＿＿、Photoshop 等辅助软件。

6. ＿＿＿＿＿＿＿＿＿＿是 EXtensible HyperText Markup Language（可扩展超文本标记语言）的英文缩写，它的前身是 HTML。

二、简答题

1. 请简述网站建设的流程。

2. 指出图 1-23 中所示网页的站标、导航条、标题栏和广告条。

图 1-23 "我爱打折"网站主页

第2章 Dreamweaver 8 入门

Dreamweaver 8 集网页制作和网站管理于一身，利用它不仅可以轻而易举地制作出各种充满动感的网页，还可以非常方便地管理网站中的文件和文件夹。本章将首先简要介绍 Dreamweaver 8 的工作界面，然后依次介绍网站创建与管理，以及基本页面属性设置。

本章要点

2.1 熟悉 Dreamweaver 8 工作界面

安装 Dreamweaver 8 后，单击桌面左下角的"开始"按钮 ，选择"所有程序" > "Macromedia" > "Macromedia Dreamweaver 8"，就可以启动 Dreamweaver 8 了，如图 2-1 左图所示。

进入 Dreamweaver 8 后，首先显示起始页。通过起始页可以直接打开最近使用过的文档或其他文档，也可以创建新文档，如图 2-1 右图所示。

图 2-1　启动 Dreamweaver 8

当我们在起始页的"创建新项目"列中单击第一项"HTML"后，将会创建一个".html"格式的新文档，并进入 Dreamweaver 8 工作界面，如图 2-2 所示。

Dreamweaver 8 的工作界面由标题栏、菜单栏、"插入"栏、"文档"工具栏、文档窗口、状态栏、"属性"面板和面板组等组成，下面简要介绍各组成部分的特点。

图 2-2　Dreamweaver 8 工作界面

2.1.1　标题栏和菜单栏

标题栏上显示软件名称、文档标题和程序窗口控制按钮（"最小化窗口"按钮▣、"最大化窗口"按钮▣和"关闭窗口"按钮▨）。

菜单栏中几乎集中了 Dreamweaver 8 的全部操作命令，利用这些命令可以编辑网页、管理站点以及设置操作界面等。要打开某项主菜单，只需用鼠标单击该菜单项即可。

2.1.2　"插入"栏

"插入"栏包含各种类型的对象按钮（如图像、表格和层等），通过单击这些按钮，可将相应的对象插入到文档中。

默认状态下，"插入"栏中显示的是网页中最常用的对象按钮组，即"常用"插入栏。单击"插入"栏左侧的"常用"按钮可以打开一个下拉列表，从中选择其他选项可以改变"插入"栏的类别，如图 2-3 所示。

某些按钮的右侧带有一个小三角符号"▾"，这表示该按钮具有同位按钮组，单击该三角符号▾将弹出其同位按钮组，如图 2-4 所示。

图 2-3　切换到其他"插入"栏　　　　　　　　图 2-4　打开同位按钮组

2.1.3　文档标签与"文档"工具栏

文档标签显示了网页文档名称;"文档"工具栏用于切换网页视图,设置网页标题,检查浏览器支持等。

1. 文档标签

文档标签显示了当前打开的所有网页文档的名称。当用户打开多个网页时,通过单击文档标签可在各网页之间切换,如图 2-5 所示。

图 2-5　文档标签

此外,如果文档名后带一个"*"号,表示网页已修改但未保存。如要关闭某文档,可先切换至该文档,然后单击右侧的"关闭"按钮 。另外,单击"最小化" 或"向下还原" 按钮可相应地最小化或还原文档窗口。

2. "文档"工具栏

"文档"工具栏中包括可对文档进行操作的按钮,各按钮名称如图 2-6 所示。

图 2-6　"文档"工具栏

各按钮意义如下:

- 显示代码视图:仅在文档窗口中显示代码视图,代码视图以不同的颜色显示 HTML 代码,方便用户区分各种标签并对代码进行编辑。
- 同时显示代码视图和设计视图:在文档窗口的一部分中显示代码视图,而在另一部分中显示设计视图。这样当用户在代码视图中编辑 HTML 源代码后,单击设计视图中的任意位置,会立刻看到相应的编辑结果。
- 显示设计视图:仅在文档窗口中显示设计视图。在设计视图中可以直接编辑网页中的各个对象。
- 文档标题:可为文档输入标题,浏览网页时,该标题将显示在浏览器的标题栏中。
- 检查浏览器错误:检查跨浏览器兼容性,以减少或避免由于浏览器不同而造成网页版式、链接的混乱。
- 验证标记:验证当前文档或整个当前站点中是否存在错误或警告。
- 文件管理:单击该按钮将打开一个列表,选择其中的选项可以从远程站点取回文件,或者将文件由本地站点上传到远程站点。

📖　在浏览器中预览/调试：在浏览器中预览或调试文档，单击后可从弹出菜单中选择一
　　　　个浏览器版本。

　　📖　刷新设计视图：用于在代码视图中进行更改后刷新文档的设计视图。在执行某些操
　　　　作（如保存文件或单击"刷新设计视图"按钮）之前，用户在"代码"视图中所做
　　　　的更改不会自动显示在"设计"视图中。

　　📖　视图选项：允许为代码视图和设计视图设置显示方式。例如，是否显示网格和标尺，
　　　　哪个视图显示在上面等。

 知识库

　　　　如果当前视图为代码视图，则"视图选项"列表中只出现针对代码视图的选
　　项；如果当前视图为设计视图，则"视图选项"列表中只出现针对设计视图的选
　　项。

　　📖　可视化助理：设置在编辑网页时显示或隐藏某个可视化助理以便于操作，如显示表
　　　　格边框、表格宽度等。

2.1.4　状态栏

状态栏位于文档编辑窗口底部，它提供了与当前文档相关的一些信息，如图 2-7 所示。

图 2-7　状态栏

　　📖　标签选择器显示了插入点所在位置的标签的层次结构，单击某个标签可以选中网页
　　　　中该标签所代表的内容，如单击"<table>"标签，可选中网页中与之对应的表格。

 知识库

　　　　标签是 HTML 语言的核心，网页中的文本、图像和动画等在 HTML 文档中
　　都是用标签来描述的，比如表格标签是<table>，行标签是<tr>等。在状态栏中选
　　中某个标签，也就选中了该标签对应的对象。

　　📖　"缩放"工具 可以放大或缩小文档。如要放大文档，可在选择该工具后，在页面
　　　　上需要放大的位置上单击；如要缩小文档，可在按住【Alt】键的同时，在页面上单
　　　　击。

　　📖　"选取"工具 为默认工具，用于在页面中选取对象。

　　📖　如果页面内容超出当前窗口，要平移页面，可选择"手形"工具 ，然后在页面中
　　　　单击并拖动。

　　📖　窗口大小数值仅在设计视图可见，它显示了文档窗口的当前尺寸。

课堂练习1　利用状态栏中标签选择单元格

在制作网页时，往往会使用一些像素值非常小的图片作为装饰，而要选中这些小图片或小图片所在的单元格就有些困难了。下面我们就来看看如何利用"标签选择器"来选中这些小单元格。

（1）首先打开本书附赠素材"\素材与实例\jqe"文件夹中的"index.html"文档。

（2）将插入点置于小图片所在的单元格中，可看到状态栏中显示了该单元格在整个网页中的层次结构，如图2-8左图所示。

（3）单击"标签选择器"中右面的"td"标签（单元格标签），可看到网页中小图片所在单元格已呈选中状态，如图2-8右图所示。

图2-8　利用标签选择单元格

 标签选择器中显示对象层次结构的方式为自左向右，也就是说，在标签选择器中的位置越靠左，对象覆盖的范围就越大，如本例中最左边的"body"标签表示整个网页。

2.1.5　属性面板与面板组

在 Dreamweaver 中，大多数操作都是通过面板实现的，下面讲解与面板相关的知识。

"属性"面板位于文档窗口的下方，主要用于查看或编辑所选对象的属性。例如，单击选中网页中的图像时，可以利用"属性"面板设置图像的路径、链接网页等；在表格单元格中单击时，"属性"面板如图2-9所示。

图2-9　将插入点置于单元格中时的"属性"面板

此时利用"属性"面板可以设置单元格中文字的格式、字体、样式、大小、颜色、粗体或斜体、对齐和列表方式，以及单元格的水平和垂直对齐方式、背景图像、背景颜色、边框颜色等。

除"属性"面板外，Dreamweaver 8 还为用户提供了众多面板，如"文件"面板、"历史记录"面板等。为便于管理，Dreamweaver 8 将这些面板归入到不同的面板组中。例如，"文件"面板组包括了"文件"面板、"资源"面板和"代码片断"面板，如图 2-10 左图所示；"CSS"面板组包括了"CSS 样式"面板和"层"面板，如图 2-10 右图所示。不过，并非所有面板组都包含了多个面板，例如，"属性"、"框架"面板组就只包含了一个面板。

图 2-10　"文件"面板组和"CSS"面板组

如果面板组包含了多个面板，则可以在展开面板组后，通过单击面板标签在各面板之间切换。例如，对于"文件"面板组，可以通过单击"文件"和"资源"标签在两个面板之间切换。

如要打开或关闭某个面板，可单击"窗口"菜单下的相应选项。例如，可选择"窗口">"文件"菜单打开或关闭"文件"面板。

课堂练习 2　面板基本操作

在了解了面板的种类和作用后，下面来看看如何打开新的面板、隐藏面板，以及完全关闭面板等。一般情况下，只打开经常使用的面板，而把不经常使用的面板都隐藏起来，以获得足够大的工作区域。

（1）选择"窗口">"文件"菜单，可打开"文件"面板，如图 2-11 所示。

图 2-11　打开"文件"面板

小技巧

单击面板组标题栏左侧的 ▒ 按钮并拖动，可将面板组变为浮动状态（可位于屏幕上任意位置）。

（2）单击"文件"面板组名称左侧的三角符号 ▼，可以看到"文件"面板组被隐藏，并且 ▼ 符号变为 ▶ 符号。单击"文件"面板组名称左侧的三角符号 ▶，可以重新显示隐藏的"文件"面板组，如图 2-12 所示。

图 2-12　隐藏、显示面板组

（3）如要关闭不常使用的面板组，可单击面板组右上角的 ▤ 符号，在弹出的菜单中选择"关闭面板组"，如图 2-13 左图所示。

（4）如要隐藏整个面板区域，可单击面板区域左侧的符号，如图 2-13 右图所示。

（5）面板区域被隐藏后，如要重新显示整个面板区域，可单击符号。

图 2-13　关闭面板组和隐藏面板区域

2.2　网站创建与管理

创建网站的第一步是确定本地站点的目录结构，并准备好相应的素材文件，然后在 Dreamweaver 中定义站点并创建网页，下面我们来看具体内容。

2.2.1　确定站点目录结构

为便于以后管理和维护网站，在开始创建网页之前，最好先确定站点的目录结构。它主要包括两项任务，一是在本地磁盘上创建用来保存网站内容（包括网页文件和图像、动画等）的文件夹，该文件夹被称为站点根文件夹；为便于管理站点中的内容，还要根据网站栏目结构图在站点文件夹中创建若干子文件夹，以存放不同类型的文件。图 2-14 显示了"lily"网站的站点目录结构。

图 2-14　"lily"站点目录结构

在开始网页制作之前，最好将网站中用到的所有文件都分类放置在站点文件夹中，比如网页文件放在根目录下，图像文件放在 images 文件夹里，动画文件放在 swf 文件夹里，以便更顺利地完成站点的创建。

课堂练习 3　在 Dreamweaver 中定义"lily"站点

为便于管理和编辑站点，在创建网页之前，首先要在 Dreamweaver 中定义站点。定义站点可以将本地磁盘中的站点同 Dreamweaver 建立一定的关联，可以使用 Dreamweaver 上传或下载站点内容。

定义站点主要包括设置站点名称、站点性质，以及站点所对应的文件夹。下面我们以定义一个名为"lily"的站点为例，讲解一下在 Dreamweaver 8 中定义本地站点的过程。

在开始本例操作之前，请先在你的本地磁盘上创建一个名为"lily"的文件夹，作为站点根文件夹，并将本书附赠素材"\素材与实例\lily"文件夹中的内容拷贝到该文件夹下。

（1）启动 Dreamweaver 8 后，选择"站点">"新建站点"菜单，如图 2-15 所示。

图 2-15　选择"新建站点"菜单

（2）打开"未命名站点 1 的站点定义为"对话框，单击"基本"选项卡，在上面的文本框中输入"lily"，设置站点名称，然后单击"下一步"按钮，如图 2-16 左图所示。

（3）由于我们创建的是静态站点，因此，此处选择"否，我不想……"单选钮，然后单击"下一步"按钮，如图 2-16 右图所示。

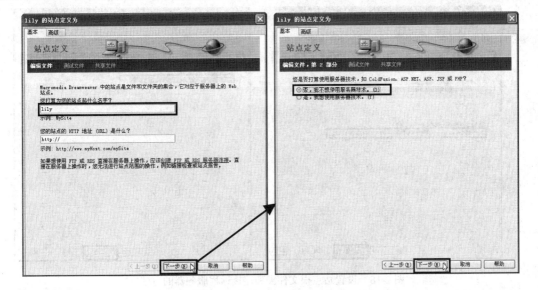

图 2-16　设置站点名称和服务器技术

知识库　　如果你的网站中包含动态网页，此处应选择"是，我想使用服务器技术"单选钮。

（4）选择"编辑我的计算机……"单选钮，单击"您将把……"文本框后的文件夹图标，在打开的选择根文件夹对话框中选择站点文件夹，然后单击"选择"按钮，如图 2-17 所示。

图 2-17　设置网站编辑方式及站点根文件夹

（5）设置好站点根文件夹后，单击"下一步"按钮，如图 2-18 左图所示。

（6）由于现在只是在本地编写和调试网页，故此时不需要连接到远程服务器，在"您如何…"下拉列表中选择"无"，单击"下一步"按钮，如图 2-18 右图所示。

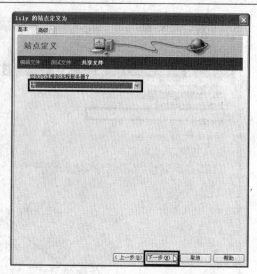

图 2-18　设置站点根文件夹和连接远程服务器的方法

提示　在需要使用 Dreamweaver 上传站点时，就要设置连接到服务器的方式，具体方法将在后面的章节做详细介绍。

（7）系统显示所设参数的总结，如图 2-19 左图所示。如果没有问题，直接单击"完成"按钮，一个新的站点便创建完成了。图 2-19 右图显示了"文件"面板中新建的站点。

图 2-19　完成站点的创建

在 Dreamweaver 中可以定义多个站点，如果需要删除、复制和编辑某个站点，可以选择"站点">"管理站点"菜单，打开"管理站点"对话框（如图 2-20 所示），然后在该对话框中选择相应站点，并单击"删除"、"复制"和"编辑"按钮。

2.2.2 网页文档基本操作

网页文档的基本操作一般包括新建、保存、预览、打开和关闭文档，下面具体讲解。

1. 新建文档

Dreamweaver 中的文档也就是网页，创建新网页的方法有多种，下面使用"文件"菜单创建网页。

（1）选择"文件" > "新建"菜单，打开"新建文档"对话框。

图 2-20 "管理站点"对话框

（2）在该对话框中选择"常规"选项卡，然后在"类别"列表区选择相应类别（这里选择"基本页"），在"基本页"列表区选择一种网页类型（这里选择"HTML"），如图 2-21 左图所示。

（3）单击"创建"按钮，创建了一个默认名为"Untitled-1"的新文档，如图 2-21 右图所示。

图 2-21 新建文档

提示　在"文件"面板中也可以非常方便地创建文档，课堂练习 4 演示了具体方法。

2. 保存文档

新建或编辑网页文档后，需要保存文档，才能使所做的设置生效。本节以前面创建的文档为例来看看如何保存文档。

（1）选择"文件" > "保存"菜单，或按【Ctrl+S】组合键，弹出"另存为"对话框，如图 2-22 左图所示。

（2）在该对话框的"保存在"下拉列表中选择保存文件的文件夹（此处为"lily"），在"文件名"文本框中输入文件名（此处为"index"），单击"保存"按钮。

（3）可看到保存后的文件名变为"index.html"，并且"文件"面板中也多了一个名为"index.html"的文档，如图 2-22 右图所示。

图 2-22 保存文档

提示

如果文件已经保存过，再次保存时，就不会弹出"另存为"对话框了。

3. 预览文档

对网页进行编辑或修改后，可在浏览器中预览其效果，下面以本书附赠素材"\素材与实例\lily"文件夹中的"index.html"文档为例，来看看如何预览文档。

（1）首先在 Dreamweaver 中打开文档，单击"文档"工具栏中的 按钮，在弹出的菜单中选择"预览在 IExplore 6.0"菜单项（或直接按【F12】键），如图 2-23 左图所示。

（2）在 IE 浏览器中预览网页文件，如图 2-23 右图所示。

知识库

如果在预览文档之前未执行"保存"命令，则系统会弹出提示框，询问是否保存文档，单击"是"按钮即可。

图 2-23 预览文档

4. 打开和关闭文档

如果要打开某站点中现有的网页文档，可以选择"文件">"打开"菜单（或按【Ctrl+O】组合键），在弹出的"打开"对话框中选择要打开的文件，然后单击"打开"按钮，如图 2-24 所示。

关闭文件的操作相当简单，只需单击相应文件右上方的"关闭"按钮（或按【Ctrl+W】组合键）即可。执行该操作时，如果文件已被修改，系统会弹出提示框，询问是否保存修改。同样，如果文件未命名，此时系统还会打开"另存为"对话框，提示用户命名文件。

图 2-24 "打开"对话框

课堂练习 4 利用"文件"面板创建网页

前面讲了使用菜单新建文挡的方法，本例我们来学习一种更快捷高效的创建文挡的方法，这需要用到"文件"面板。使用"文件"面板，可以非常方便地管理站点和站点中的文件。下面看一下在"文件"面板中创建和命名文档的方法。

（1）在"文件"面板中，右键单击站点根文件夹，在弹出的快捷菜单中选择"新建文件"选项，如图 2-25 左图所示。

（2）新建的文件名称处于可编辑状态，如图 2-25 右图所示。

图 2-25 新建文档

知识库　　此处是在站点根文件夹中创建文件，如果要在其他文件夹中创建文件，可选中相应文件夹。

（3）拖动光标选中文件名，输入新名称，然后按【Enter】键确认，如图 2-26 所示。

在"文件"面板中，除了可以新建文件外，还可以新建文件夹，只需在图 2-25 左图中弹出的快捷菜单中选择"新建文件夹"选项即可。

图 2-26　重命名文件

小技巧　　当需要重命名文件时，可首先选中文件，然后单击文件名或按【F2】键。

双击"文件"面板中的网页文档，可在文档编辑窗口中打开该文档。

要删除文件或文件夹，可以右击文件或文件夹，然后在弹出的快捷菜单中选择"编辑"＞"删除"，也可在选中文件后，直接按【Delete】键删除。

2.2.3　网页文档与文件夹命名规则

为便于日后的维护和管理，网站中所有文件和文件夹的命名最好遵循一定的规则。首先，静态的首页文件一般命名为"index.html"或"index.htm"。如果是包含程序代码的动态页面，比如 ASP 文件，则命名为"index.asp"。总之，后缀名与网页本身所使用的技术是对应的。

文件和文件夹命名时需注意的事项还包括：

- 最好不要使用中文命名文件和文件夹，因为在使用 Unix 或 Linux 作为操作系统的主机上，使用中文命名的文件会出错。
- 文件名中不要使用大写英文字母，因为 Unix 操作系统区分英文字母大小写，而 Windows 操作系统不区分英文字母大小写。因此，为了保证网站发布后不致出错，文件名最好全部使用英文小写字母。
- 运算符符号不能用在文件名的开头。
- 比较长的文件名可以使用下划线"_"来隔开多个单词或关键字。
- 在大型网站中，分支页面的文件应存放在单独的文件夹中，每个分支中的图像也应该存放在单独的文件夹中，存放网页图像的文件夹一般命名为"images"或者"img"。

提示
本书中提到的所有网站图像文件夹一律命名为"images"。

在动态网站中，用来存放数据库的文件夹一般命名为"data"或者"database"。

2.3　基本页面属性设置

新建网页后，一般都要对页面进行一些简单的属性设置，然后才开始编辑网页内容。

2.3.1　指定网页文档标题和边距

在浏览网页时，可以看到浏览器上端都会有表示网页特征或欢迎词之类的标题。另外，一般网页的上、下、左、右边距均为 0，它们是如何设置的呢？下面以"lily"网站中的"index.html"为例，来看看具体设置方法。

（1）双击"文件"面板中的"index.html"文档，在文档编辑窗口中打开它，在"标题"文本框中输入网页标题，此处为"火百合网站首页"，如图 2-27 左图所示。

提示
在"页面属性"对话框的"标题/编码"类别中也可以设置文档标题。

（2）单击"属性"面板上的"页面属性"按钮，打开"页面属性"对话框，如图 2-27 右图所示。

知识库
选择"修改">"页面属性"菜单或者按【Ctrl+J】组合键，也可以打开"页面属性"对话框。

（3）在表示边距的四个文本框里分别输入"0"，并单击"确定"按钮。

图 2-27　设置网页标题和边距

提示
这里所设边距是指网页有效内容区距离网页上、下、左、右边界之间的距离，一般均为 0。

2.3.2 指定网页背景颜色和背景图像

指定网页背景颜色的方法非常简单，只需在"页面属性"对话框中单击"背景颜色"后的颜色按钮，然后在弹出的调色板中单击选择相应颜色就可以了，如图 2-28 所示。

图 2-28 设置网页背景颜色

如果用户喜欢的话，也可以将图像设置为网页背景。为网页设置背景图像的方法很简单，具体操作如下。

（1）打开要设定背景图像的文档后，按【Ctrl+J】组合键，打开"页面属性"对话框。

（2）单击"背景图像"后的"浏览"按钮，打开"选择图像源文件"对话框，如图 2-29 所示。

图 2-29 打开"选择图像源文件"对话框

（3）在"查找范围"下拉列表中选择背景图片所在文件夹，在文件列表中选中图片文件，单击"确定"按钮，如图 2-30 左图所示。

知识库　如果所选图片不在站点根文件夹中，Dreamweaver 会弹出提示框，询问是否将图片复制到站点根文件夹中。单击"是"，系统将自动复制图片到站点根文件夹中。

（4）回到"页面属性"对话框，单击"确定"按钮，可以看到背景图像填充了整个页面，如图 2-30 右图所示。

图 2-30　设置背景图像

> **提示**　一般情况下，最好不要将图像设置为网页背景，因为这会影响网页的下载速度，尤其是在网页浏览量较大时。如果一定要将图像设置为网页背景，也应尽可能选择尺寸较小的图片，使图片以平铺的方式填充整个网页，如本例所示。

2.3.3　为网页设置文本和链接属性

通过设置"页面属性"对话框中的"页面字体"、"大小"和"文本颜色"，可以设置网页中文本的属性。

另外，要设置链接文本的属性，可以在"页面属性"对话框左侧的分类列表中选择"链接"选项，然后在右侧设置各项参数，如图 2-31 所示。

图 2-31　设置链接文本属性

> **提示**　"链接"指向我们要访问的目标文档或其他元素，从而使我们可以从一个页面跳转到另一个页面，其具体内容将在第 5 章中做详细介绍。
>
> 在实际的网页制作中，文本和链接属性一般都不在"页面属性"中设置，而是用 CSS 样式设置，那样既方便又快捷，CSS 样式的概念及应用将在第 6 章中做详细介绍。

课堂练习 5　为 "movie" 网页设置页面属性

通过前面的学习，相信大家对基本页面属性的设置已经有了个大概的认识。下面通过编辑如图 2-32 所示的 "movie" 网页，来使读者进一步掌握网页页面属性的设置方法。

图 2-32　设置页面属性前的 "movie" 网页

（1）启动 Dreamweaver，按【Ctrl+O】组合键，弹出 "打开" 对话框，在 "查找范围" 下拉列表中选择网页文件所在位置（此处为本书附赠素材 "\素材与实例\movie" 文件夹），在文件列表中选择要打开的网页文件 "movie1_a.html" 文档，然后单击 "打开" 按钮，如图 2-33 所示。

（2）按【F12】键预览，可以看到页面上的文字乱七八糟，我们的任务就是通过设置页面属性来使这些文字更美观。

（3）选择 "修改" > "页面属性" 菜单，打开 "页面属性" 对话框，设置页面字体为 "宋体"，大小为 "12 像素"，文本颜色为黑色，背景颜色为 "#FFFFFF"（白色），左、右、上、下边距均为 0，如图 2-34 所示。

图 2-33　"打开" 对话框　　　　　　　　　图 2-34　设置 "外观" 选项

（4）单击左侧列表中的 "链接" 选项，设置链接颜色为 "#000099"（深蓝色），变换图像链接为 "#FF0000"（红色），已访问链接为 "#666666"（深灰色），活动链接为 "#000099"（深蓝色），"下划线样式" 为 "始终有下划线"，如图 2-35 所示。

（5）单击左侧列表中的"标题/编码"选项，设置"标题"为"《磨坊女人》"，其他为默认，最后单击"确定"按钮，如图 2-36 所示。

图 2-35　设置"链接"选项

图 2-36　设置"标题/编码"选项

（6）此时可以看到网页中的文本自动套用了刚才设置的样式。最后，按【Ctrl+S】组合键保存文档，然后按【F12】键预览，如图 2-37 所示。

图 2-37　预览网页效果

课后总结

本章不仅介绍了 Dreamweaver 的工作界面，还介绍了在 Dreamweaver 中创建和管理站点的方法，网页文档的基本操作，以及基本页面属性的设置。其中，创建站点前应首先规划和设置好站点的目录结构，而创建站点的主要任务包括：设置站点对应的文件夹，命名站点，以及设置站点的性质；网页文档的基本操作主要包括：网页的创建、保存、预览和命名要求；通过设置页面属性可设置网页文本的默认字体、大小、颜色，网页背景颜色，链接文本颜色，以及网页标题等。

思考与练习

一、填空题

1. 为便于以后管理和维护网站，在开始创建网页之前，最好先确定站点的_____。

2. 在开始网页制作之前，最好将网站中用到的所有文件都分类放置在站点文件夹中，比如网页文件放在根目录下，_____文件放在 images 文件夹里，_____文件放在 swf 文件夹里，以便更顺利地完成站点的创建。

3. _____"文件"面板中的网页文档，可在文档编辑窗口中打开该文档。

4. 为便于日后的维护和管理，网站中所有文件和文件夹的命名最好遵循一定的规则。首先，静态的首页文件一般命名为"_____"或"index.htm"。如果是包含程序代码的动态页面，比如 ASP 文件，则命名为"_____"。

二、简答题

1. 根据本章所学知识，总结一下创建文档一共有几种方法，分别如何操作。

2. 为什么要在 Dreamweaver 中创建站点，它主要包括哪些工作？

三、操作题

试着在本地磁盘创建一个名为"我的网站"的站点，并在该站点中创建一个名为"index.html"的网页，然后为该页面设置页面属性。

提示：

（1）在本地磁盘创建一个名为"我的网站"的文件夹，并在其中创建一个名为"images"的文件夹，以放置网页图像、动画等文件。

（2）启动 Dreamweaver 8，选择"站点">"新建站点"菜单，然后参考本章课堂练习 3 创建"我的网站"站点。

（3）右键单击文件面板中的"我的网站"，在弹出的菜单中选择"新建文件"选项，将新建的文件重命名为"index.html"。

（4）双击文件面板中的"index.html"，在文档编辑窗口中打开它。

（5）按【Ctrl+J】组合键打开"页面属性"对话框，设置"大小"为 12，表示文档中的默认文本大小为"12"，"文本颜色"为黑色，上、下、左、右边距均为 0，如图 2-38 所示。

（6）单击左侧"分类"列表中的"标题/编码"选项，在右侧的"标题"文本框中输入网页标题"我的网站主页"，然后单击"确定"按钮，如图 2-39 所示。

图 2-38 设置外观

图 2-39 设置标题

第3章　输入与编辑基本网页元素

通过前面两章的学习，大家对网页已经有了一定的了解，对 Dreamweaver 也有了一个整体的认识。本章我们将学习网页内容的编辑方法，主要包括文本的输入与格式设置，以及在网页中插入图像的方法。

本章要点

3.1　输入与编辑文本

文本是将各种信息传达给浏览者的最主要和最有效的途径，无论制作网页的目的是什么，文本都是网页中不可缺少的组成元素。

3.1.1　输入文本

在 Dreamweaver 中输入文本的方法非常简单，只要将插入点定位在网页的某个位置，然后输入文本就可以了。此外，还可以通过为文本设置不同的字体、字号、颜色、字符间距与行距等属性来区别不同类型的文本。

此外，用户还可以利用剪贴板将外部文本拷贝到网页中，然后设置其格式和各种属性，例如，要将记事本中的内容拷贝到网页文档中，可利用以下操作实现。

（1）首先在记事本中打开本书附赠素材 "\素材与实例\jqe" 文件夹下的 "招聘信息.txt"，在 Dreamweaver 中打开该文件夹下的 "invite_a.html" 文档。

（2）在 "招聘信息.txt" 中选择 "格式" > "自动换行" 菜单，取消 "自动换行" 前面的对勾，如图 3-1 左图所示。

（3）拖动鼠标选中要复制的内容，然后按【Ctrl + C】组合键复制选中的文本，如图 3-1 右图所示。

图 3-1　选择并复制文本到剪贴板

（4）切换至 Dreamweaver 操作界面，将插入点置于要输入文本的单元格中，按【Ctrl

+ V】组合键粘贴文本，如图 3-2 所示。

图 3-2　粘贴文本到 Dreamweaver 中

默认状态下，将记事本中的内容拷贝到网页中时，所有内容是一个段落。为便于浏览者阅读，就需要在 Dreamweaver 中进行换行和分段。其中，分段时可按【Enter】键，而换行时可按【Shift+Enter】组合键。

3.1.2　设置文本的段落格式和字符格式

Dreamweaver 中的文本格式设置与标准字处理程序（如 Word）类似。用户可利用"属性"面板为文本设置默认格式化样式（段落、标题 1、标题 2 等），或者直接设置所选文本的字体、大小、颜色、粗体、斜体、对齐方式和列表方式等，如图 3-3 所示。

图 3-3　文本"属性"面板

文本的格式设置有字符格式与段落格式之分。其中，要设置段落格式，只需将插入点定位在该段落即可进行设置；要设置字符格式，应首先利用拖动方法选中文本，然后再进行设置。

例如，如果希望将图 3-4 左图中的文本"推荐阅读……"居中对齐，可以首先在该段中任意位置单击，然后单击"属性"面板中的"居中对齐"按钮，结果如图 3-4 右图所示。

又如，如果希望改变文本颜色，则应首先利用拖动方法选中文本，然后再利用"属性"面板进行设置，如图 3-5 所示。

图 3-4 设置段落对齐

图 3-5 改变文本颜色

这里需要指出的是，当设定了某段文本的样式后，Dreamweaver 会在"属性"面板的样式列表中，自动创建 CSS 样式，如图 3-5 右图中的"STYLE1"。

如果需要将该样式应用到别的文本，选中文本后，直接在"属性"面板的样式列表中选择即可。

1. 设置字体列表

Dreamweaver 中自带的字体有限，一般满足不了大多数网页设计者的需求。我们可以通过设置字体列表来解决这一问题，具体操作如下。

（1）在"属性"面板的"字体"下拉列表中选择"编辑字体列表"选项，弹出"编辑字体列表"对话框，如图 3-6 所示。

图 3-6 "编辑字体列表"对话框

（2）在"可用字体"列表区选择需要添加的字体，然后单击 按钮即可将其添加到左侧的"选择的字体"列表区。

（3）要继续添加新字体，可以单击"字体列表"区左上角的⊞按钮，然后执行步骤 2 的操作。若要删除某类样式，在"字体列表"区选中该样式后，单击⊟按钮即可。

（4）字体列表编辑完成后，单击"确定"按钮关闭该对话框。

2. 设置文本字体及大小

学会设置字体列表后，就可以随心所欲地设置文本的字体了。下面就来学习在"属性"面板中设置文本字体及大小的方法。

（1）在文档中选中文本，如"新浪联合体坛周报评出北京奥运十大运动员"，如图 3-7 所示。

图 3-7　选中文本

（2）在"属性"面板的"字体"下拉列表中选择所需字体，如"汉仪超粗黑简"，然后单击*I*按钮使文字倾斜显示，效果如图 3-8 所示。

图 3-8　设置字体和倾斜

（3）接着在"大小"下拉列表中选择 24，效果如图 3-9 所示。

图 3-9　设置字号

> **提示**　在设置网页中文本的字体时，最好使用常见的字体；因为如果你设置的字体在浏览者的电脑中没有安装，那么它将以默认的字体显示，这将使网页的效果大打折扣。

3. 设置段落缩进

通过设置段落缩进格式，可以更好地布局文档。将插入点置于需要设置段落缩进的任意段落中，然后在"属性"面板的"格式"下拉列表中选择"段落"选项。单击"文本凸出"按钮 ≣ 可使段落凸出，单击"文本缩进"按钮 ≣ 可使段落缩进。

> **提示**　这里的凸出和缩进是针对整个段落而言。如果要让段落凸出或缩进更明显，可多次单击相应按钮。

4. 设置列表项

列表分为项目列表和编号列表，项目列表常应用在"列举"类型的文本中，编号列表常应用在"条款"类型的文本中，这种方式使得文本更直观、明了。

选中所要设置的文本（如图 3-10 所示），然后单击"属性"面板上的"项目列表"按钮 ≣，效果如图 3-11 所示。

图 3-10　选中文本　　　　图 3-11　应用"项目列表"格式

"编号列表"的设置方法同"项目列表"类似，这里不再讲述。

> **提示**　此处需要注意的是，在对文本应用列表项之前，必须用【Enter】键把文本中的各项分为不同的段落。

课堂练习1 设置"公司介绍"网页文本

在学习了文本的输入和格式设置方法后，下面通过一个小例子来练习和巩固一下这些知识。

（1）打开本书附赠素材"\素材与实例\lily"文件夹下的"com_a.html"文档。

（2）首先来给文本分段，将插入点置于要分段的文本"2004年12月1日"前方，按下【Enter】键，如图3-12左图所示。

（3）按照同样的方法把其他段落分开来，如图3-12右图所示。

图3-12 将文本分段

提示　　按照一般的文本书写规则，每段的开头应该空出两个汉字，但是在Dreamweaver中直接输入空格是没有用的，下面我们来看看如何设置这两个空格。

（4）将输入法切换至"智能ABC"，按【Shift + 空格】组合键将半角输入状态切换至全角。

（5）将插入点置于第一段前面，按两次空格键即空出两个汉字的位置，如图3-13左图所示。

（6）按照同样的方法，设置另外的段落文本前面也空出两个汉字，结果如图3-13右图所示。

图3-13 设置段落缩进

知识库　　在Dreamweaver中设置文本段落缩进的方法有很多种，例如，可以像上面一样，输入两个全角空格字符，也可以输入任意两个字符，然后将其颜色设置为与背景颜色一致。但是，这些方法只适用于文本较少的网页中。如果文本较多的话，应创建一个带文本缩进的CSS样式，关于CSS样式的相关介绍，请参见本书第6章内容。

（7）拖动鼠标选中第 1 段文本，在"属性"面板"大小"下拉列表中选择"14"，设置文本的大小为 14 像素，如图 3-14 左图所示。

（8）单击段落中任意处取消选择，可以看到文本变大了，且"样式"列表中自动生成了名为"STYLE1"的样式，如图 3-14 右图所示。

图 3-14　设置文本大小

提示

此处没有设置文本的颜色，表示采用默认的黑色。

（9）分别选中其他段文本，在"样式"下拉列表中选择前面设置的样式"STYLE1"，如图 3-15 左图所示。

（10）取消选择后，可以看到这些段落采用了和第 1 段相同的样式，如图 3-15 右图所示。

图 3-15　应用现有样式

除了自己设置样式外，Dreamweaver 还内置了一些段落样式，可以直接应用在段落文本中。要应用这些样式，可首先在段落中单击，然后在"属性"面板上"格式"下拉列表中选择相应样式。

3.1.3　插入水平线和特殊字符

如果网页文档由很长的内容构成，可在内容中间插入水平线，从而使网页内容更加容易理解，阅读起来也更轻松。另外，网页中还经常包含一些特殊字符。本节就来介绍如何在网页中插入水平线和特殊字符。

1. 插入水平线

水平线对于组织信息和区分版块很有帮助，如图 3-16 所示。要插入水平线，可以选择"插入">"HTML">"水平线"菜单。

图 3-16　网页中的水平线

小技巧

也可以将"常用"插入栏切换至"HTML"插入栏，然后直接单击其中的"水平线"按钮▦。

当我们在设计视图中选中水平线后，会看到图 3-17 所示的水平线"属性"面板。

图 3-17　水平线"属性"面板

下面列出了水平线"属性"面板中各常用项的意义。

- 📖 水平线：设置水平线的名称，主要用于脚本程序（如 JavaScript 或 VBscript）。
- 📖 宽：设置水平线的宽度，以像素或百分比为单位。缺省为空，表示采用默认值（100%）。
- 📖 高：设置水平线的粗细，以像素为单位。缺省为空，表示采用默认值（2 像素）。
- 📖 对齐：设置水平线的对齐方式。
- 📖 阴影：是否为水平线添加阴影。
- 📖 类：为水平线设置类样式（3 种样式类型之一，将在第 6 章做详细介绍）。

知识库

如果要改变水平线的颜色，可以首先选中水平线，然后切换至代码视图，在水平线标签中输入"color='颜色代码'"，如图 3-18 所示。但是，我们无法直接在编辑画面看到水平线的颜色设置效果，只能在浏览器中预览效果。

图 3-18　改变水平线颜色

2. 插入特殊字符

我们在设计网页时经常会用到一些无法用输入法来直接输入的特殊字符，如版权符号、注册商标符号，以及常见的货币符号等。

要插入特殊字符，可以选择"插入">"HTML">"特殊字符"菜单，然后在弹出的菜单中选择相应的特殊字符，如图 3-19 左图所示。

如果在"特殊字符"菜单下没有找到需要的特殊字符，可以通过选择该菜单中最下面的"其他字符"命令打开"插入其他字符"对话框，这样就能获取更多的特殊字符了，如图 3-19 右图所示。在该对话框中选中要插入的字符后，单击"确定"按钮即可插入。

图 3-19　插入特殊字符

3.2　应用图像

目前在网页中可以使用的图像包括 JPEG、GIF 和 PNG 格式，下面分别列出了它们各自的特点：

　📖　**JPEG**（联合图像专家组标准）格式：该格式适于表现色彩丰富，具有连续色调的图像，如各种照片。该格式的优点是图像质量高，缺点是文件尺寸稍大（相对于 GIF 格式），且不能包含透明区。

　📖　**GIF**（图形交换格式）格式：由于它最多只能包含 256 种颜色，因而适合表现色调不连续或具有大面积单一颜色的图像，如卡通画、按钮、图标、徽标等。该格式的优点是图像尺寸小，可包含透明区，且可制成包含多幅画面的简单动画，缺点是图像质量稍差。

　　📖 PNG（便携网络图像）格式：该格式集 JPEG 和 GIF 格式的优点于一身，既能处理照片式的精美图像，又能包含透明区域，且可以包含图层等信息，是 Fireworks 的默认图像格式。

3.2.1 插入与编辑图像

　　在 Dreamweaver 中插入图像的方法非常简单，在确定图像插入点后，单击"常用"插入栏中的"图像"按钮 📄，打开"选择图像源文件"对话框，从中选择要插入的图像，然后单击"确定"按钮即可，如图 3-20 所示。

图 3-20　插入图像

　　插入图像时需要注意：如果图像不在站点文件夹中，系统会给出提示，询问是否将其复制到站点文件夹中，此时一般要选择"是"；否则，会导致将来发布网站后，因网页无法找到图像而出现错误。

　　默认情况下，每次插入图像时都会显示"图像标签辅助功能属性"对话框，如图 3-21 所示。如果不想显示该对话框，可单击对话框下方的蓝色带下划线文本，在打开的"首选参数"对话框左侧的"分类"列表中选择"辅助功能"，然后取消选择右侧的"图像"复选框，如图 3-22 所示。

图 3-21　"图像标签辅助功能属性"对话框　　　　　图 3-22　"首选参数"对话框

选中插入的图像后，还可利用"属性"面板对该图像的各项属性进行修改，如图 3-23 所示。

图 3-23　图像"属性"面板

下面列出图像"属性"面板中各常用项的意义：

- 图像名称：设置图像名称，主要用于通过脚本来控制图像。
- 宽和高：图像的宽度和高度（单位为像素），当改变了图像的尺寸后，该数值将加粗显示。
- 源文件：显示图像文件的路径。
- 链接：用于创建从图像到其他文件的链接。
- 替代：在浏览器无法读入图像文件时，在图像位置显示的说明性文字。
- 垂直边距和水平边距：指定图像上、下、左、右空白的像素值。
- 目标：设置在何处打开链接文档，_blank 表示新窗口，_self 表示当前窗口，_parent 表示当前窗口的父窗口，_top 表示当前窗口的顶级窗口。
- 边框：设置图像边框的粗细，以像素为单位。
- 对齐：确定图像在单元格或页面中的对齐方式。

3.2.2　使用图像占位符

如果网页中的某个图像尚未制作好，可暂时用图像占位符来代替。图像占位符的用法非常简单。选择"插入" > "图像对象" > "图像占位符"菜单，打开"图像占位符"对话框，然后设置其名称、尺寸、颜色和替换文本，如图 3-24 所示，最后单击"确定"按钮，在指定位置插入一个图像的临时替代对象，如图 3-25 所示。

使用图像占位符后，要用制作好的图像置换它，可首先单击选择图像占位符，然后在属性面板的"源文件"编辑框中输入带路径的文件名，或者单击该编辑框后面的"浏览文件"按钮 选择图像文件，Dreamweaver 会自动将图像占位符替换为所选择的图像，如图 3-26 所示。

图 3-24　"图像占位符"对话框　　　图 3-25　使用图像占位符　　　图 3-26　替换图像

也可以通过单击"插入"栏"常用"类别中"图像"按钮后的小箭头，在弹出的工具组中选择"图像占位符"，来打开"图像占位符"对话框。

如果所设图像占位符和图像大小不一致，插入图像后会拉伸变形，还需要进一步调整。

3.2.3　制作鼠标经过图像

在网页中经常可以看到这种情况，当鼠标移动到某一图像上时，图像变成了另一幅图像，而当鼠标移开时，又恢复成原来的图像，这就是我们通常所说的鼠标经过图像。

要制作鼠标经过图像，需要用到两张大小相同，而内容不同的图像。其中一张作为原始图像，在页面打开的时候就显示；另一张则作为鼠标经过图像，在鼠标经过的时候替换原始图像显示出来。本例中用到的两张图像位于网站"car"的图像文件夹"images"中。

（1）打开本书附赠素材"\素材与实例\car"站点中的"index_a.html"文档。

（2）将插入点置于 flash 动画下方的空白单元格中，选择"插入"＞"图像对象"＞"鼠标经过图像"菜单。

（3）弹出"插入鼠标经过图像"对话框，在"图像名称"文本框中为图像输入一个名称（此处为"product1"），然后单击"原始图像"编辑框右侧的"浏览"按钮，如图 3-27 左图所示。

（4）弹出"Original image:"对话框，在"查找范围"下拉列表中选择图片所在文件夹，在文件列表中选择原始图像（1.jpg），然后单击"确定"按钮，如图 3-27 右图所示。

图 3-27　设置原始图像

（5）按照同样的方法设置"鼠标经过图像"为"11.jpg"，在"替换文本"编辑框中输入替换文本，在"按下时，前往的 URL"编辑框中输入单击图像时将打开的网页名称（或单击编辑框右侧的"浏览"按钮选择网页），然后单击"确定"按钮，如图 3-28 所示。

（6）从表面上看，插入的鼠标经过图像与普通的图片没有什么区别，如图 3-29 所示。

（7）按【Ctrl+S】组合键保存文件，然后按【F12】键预览网页，将光标放在鼠标经过图像上方时，可以看到图片上的汽车由红色变为蓝色，如图 3-30 所示。

图 3-28　设置鼠标经过图像、替换文本等　　　　图 3-29　插入鼠标经过图像

知识库

默认情况下，"预载鼠标经过图像"复选框被选中，表示浏览器在下载网页时自动在后台载入鼠标经过图像，从而加快鼠标经过图像的显示速度。

"替换文本"表示在图片不能正常显示时出现在图片位置的说明性文字。

"按下时，前往的 URL"文本框中输入的"#"号是空链接，表示图像没有链接目标，也可以为空。

图 3-30　预览网页

课堂练习 2　为"macaco"网页制作交互式导航条

导航条在网站中起着不可替代的作用，它把网站中的各个页面连接起来，每一个网站都有自己的导航条。利用与制作鼠标经过图像类似的方法，可制作具有可变效果的导航条。

（1）打开本书附赠素材"\素材与实例\car"站点中的"index_b.html"文档。

（2）将插入点置于网站标志所在行的第 3 个单元格中，选择"插入" > "图像对象" > "导航条"菜单，打开"插入导航条"对话框。

（3）在"项目名称"文本框中输入项目名（此处为"dh1"），单击"状态图像"文本框后的"浏览"按钮，在打开的"选择图像源文件"对话框中选择要作为状态图像的文件

（此处为"dh_05.png"），然后单击"确定"按钮，如图 3-31 所示。

图 3-31　设置状态图像

（4）按照同样的方法设置"鼠标经过图像"为"dhh_05.png"。如有必要，可设置其他选项，如图 3-32 所示。

（5）单击文本框左上方的"添加项"按钮➕，添加新项。参照前面的方法设置项目名称、状态图像和鼠标经过图像，如图 3-33 所示。

图 3-32　设置鼠标经过图像

图 3-33　添加并设置新项

　　"插入导航条"文本框中的状态图像表示网页中初始显示的图像；鼠标经过图像表示鼠标滑过时显示的图像；按下图像表示按下按钮时显示的图像，一般不设置；按下时鼠标经过图像表示按钮处于按下状态时的鼠标经过图像，一般不设置。
　　替换文本表示导航图片不能正常显示时，在图片位置显示的文字。
　　"插入"下拉列表中有两个选项，其中"水平"表示插入水平的导航条，"垂直"表示插入垂直的导航条。

（6）重复执行步骤 5 的操作，添加并设置新项，最后单击"确定"按钮插入导航条，如图 3-34 所示。

图 3-34　插入导航条

若要删除某导航项目，可先在"导航条元件"列表框中选中该项，再单击"删除项"按钮 ▬。

若要调整导航项目的顺序，可先选中该项目，然后单击 ▲ 或 ▼ 按钮上移或下移。

（7）按【Ctrl+S】组合键保存文件，然后按【F12】键预览网页，将光标置于导航条上时，其上的文本由白色变为浅黄色，如图 3-35 所示。

图 3-35　预览网页

要修改、增加导航条项目，可以选择"修改" > "导航条"菜单，此时系统将打开内容与"插入导航条"对话框完全相同的"修改导航条"对话框。

可以单击并拖动导航条以改变其在网页中的位置；可以复制导航条到别的网页；也可以对导航条附加行为。另外，一个网页中只允许有一个导航条。

课后总结

本章主要介绍了在网页中输入文本和插入图像，以及设置和编辑它们属性的方法。希望大家能够了解并掌握使用这些基本网页元素的方法和技巧。只有能够灵活运用这些元素，才算真正步入了网页设计的大门。

思考与练习

一、填空题

1. 默认状态下，将记事本中的内容拷贝到网页中时，所有内容是一个段落。为便于浏览者阅读，就需要在 Dreamweaver 中进行换行和分段。其中，分段时可按_____键，而换行时可按_____组合键。

2. 文本的格式设置有_____格式与_____格式之分。其中，要设置段落格式，只需将插入点定位在该段落即可进行设置；要设置字符格式，应首先利用拖动方法选中文字，然后再进行设置。

3. 目前在网页中可以使用的图像包括 JPEG、_____和_____格式。

4. 在网页中经常可以看到这种情况，当鼠标移动到某一图像上时，图像变成了另一幅图像，而当鼠标移开时，又恢复成原来的图像，这就是我们通常所说的_____。

二、简答题

请简述 JPEG、GIF 和 PNG 格式图像的特点。

三、操作题

打开本书附赠素材"\素材与实例\pai"站点中的"paipai.html"文档，将其制作成图 3-36 所示效果。

图 3-36 拍拍网页效果

提示：

（1）首先用图片"logo.gif"和"top.jpeg"替换网页上方的两个图像占位符。

（2）根据单元格下方的文字，在不同的单元格中插入相应产品的图片。

（3）设置单元格中图片和文本为居中对齐。

第4章 构建网页布局

网页布局在网页制作中起着至关重要的作用，只有学会构建网页布局，才能让网页中的元素"各就各位"，也才能制作出高水平的网页。网页布局主要使用表格和框架，最常用的是表格。设计网页时，将不同的网页元素放在不同表格和单元格中，能让网页变得井然有序。

本章要点

4.1 使用表格

学过 Word 的人应该很容易理解，所谓表格（Table）就是由一个或多个单元格构成的集合，表格中横向的多个单元格称为行（以<tr>标签开始到</tr>标签结束），垂直的多个单元格称为列（以<td>标签开始到</td>标签结束），如图 4-1 所示。行与列的交叉区域称为单元格，网页中的元素通常都被放置在这些单元格中，以使其"各安其位"。

此处表示未明确设置单元格的宽度

此处显示了表格的宽度。如果只显示一个"▼"符号，表示未明确设置表格宽度

图4-1 表格

4.1.1 创建表格

在 Dreamweaver 中创建表格的方法非常简单。确定插入点后，单击"常用"插入栏中的"表格"按钮，打开"表格"对话框，设置各项参数后，单击"确定"按钮，即可插入表格，如图 4-2 所示。

下面简单介绍一下"表格"对话框中几个重要选项的意义：

📖 如果不设置表格宽度，表示表格的宽度随内容而定。在 HTML 语言中，最常使用的单位是像素和百分比。像素是相对于显示器的，使用 0 或大于 0 的整数来表示；百分比是相对于浏览器的，使用 0 或百分比来表示。二者的区别在于：当浏览器窗口的宽度发生变化时，使用了百分比作为单位的表格的宽度将随着浏览器窗口发生同比例的变化，而使用像素作为单位的表格将保持不变。

图 4-2 插入表格

📖 边框粗细（Border）是指整个表格边框的粗细，标准单位是像素。整个表格外部的
边框叫做外边框，表格内部单元格周围的边框叫内边框。

📖 单元格边距（Cellpadding）也叫单元格填充，是指单元格内部的文本或图像与单元
格边框之间的距离，标准单位是像素。

📖 单元格间距（Cellspacing）是指相邻的单元格之间的距离，标准单位是像素。

4.1.2　选择表格和单元格

在 Dreamweaver 中选择表格的方法非常简单，只需用鼠标单击表格边框线即可。当表格
外框显示为黑色粗实线时，就表示该表格被选中了，如图 4-3 左图所示。

另外，还可以通过标签选择器来选择表格。具体做法是：在表格内部任意处单击鼠标，
然后在标签选择器中单击对应的"<table>"标签，该表格便处于选中状态，如图 4-3 右图所
示。

图 4-3 选择表格

要选择某个单元格，可首先将插入点放置在该单元格内，然后按【Ctrl＋A】组合键或单
击"标签选择器"中对应的"<td>"标签；要选择某行或某列，可将光标置于该行左侧或该
列顶部，当光标形状变为黑色箭头➡或⬇时单击鼠标，如图 4-4 所示。

图 4-4 选择某行或某列单元格

要选择单元格区域。应首先在要选择的单元格区域的左上角单元格中单击，然后按住鼠
标左键向右下角单元格方向拖动鼠标，最后松开鼠标左键，如图 4-5 所示。

图 4-5 选择单元格区域

知识库 如果希望选择一组不相邻的单元格,可按住【Ctrl】键单击选择各单元格。另外,单击选择某个单元格后,按住【Shift】键单击其他单元格,可选择单元格区域。

4.1.3 设置表格和单元格属性

选中表格后,使用"属性"面板可以修改表格的行、列、宽、高,以及填充、间距等,如图 4-6 所示。

图 4-6 表格"属性"面板

表格"属性"面板中各主要选项的意义及设置方法如下:

📖 对齐:设置表格相对于浏览器或其所在单元格(相对于嵌套表格而言)的位置。

提示 "左对齐"表示沿浏览器或单元格的左侧对齐;"右对齐"表示沿浏览器或单元格的右侧对齐;"居中对齐"表示将表格居中;"缺省"表示使用浏览器默认的对齐方式。

📖 边框:指定表格边框的宽度(以像素为单位)。在使用表格进行布局时,一般将"边框"设置为0。这样在浏览网页时才不会显示表格边框。

📖 背景颜色:设置表格的背景颜色,具体方法为单击"背景颜色"按钮 ,在弹出的调色板中选择想要填充的颜色。

📖 边框颜色:设置表格边框的颜色,与背景颜色的设置方法相同。需要说明的是,只有在表格的边框值不为0时,该项才起作用。

📖 背景图像:设置表格的背景图像,单击"浏览文件"按钮 ,在弹出的对话框中选择图片后单击"确定"按钮即可。

在单元格中单击,"属性"面板中将显示相应单元格的属性,如图 4-7 所示。

图 4-7　单元格"属性"面板

单元格的"属性"面板和文本的"属性"面板相同，其中的"水平"和"垂直"表示单元格中的内容在其中的水平和垂直对齐方式，"背景颜色"和"边框"表示该单元格的背景颜色和边框颜色。

1. 设置表格和单元格的宽度与高度

制作网页时，很多情况下都需要改变表格和单元格的宽度与高度，通过拖动边框或在"属性"面板的"宽"和"高"文本框中直接输入数值，就可以非常方便地改变表格和单元格的宽度与高度，下面来看具体操作。

（1）首先选中要修改属性的表格，在"属性"面板的"高"文本框中输入数值（此处为36），然后按【Enter】键，表格的高变为设置值，如图 4-8 所示。

（2）可采用同样的方法设置表格的宽度。在要修改高度或宽度的单元格中单击，然后在"属性"面板上"宽"和"高"文本框中输入数值（此处为 20 和 60），并按【Enter】键确认，如图 4-9 所示。

图 4-8　设置表格高度　　　　　图 4-9　设置单元格"宽"和"高"

（3）在不需要精确指定表格或单元格尺寸时，可以通过拖动边框来改变表格或单元格的"宽"与"高"，如图 4-10 所示。

图 4-10　拖动边框改变单元格宽度

2. 为表格和单元格设置背景颜色及背景图像

为表格和单元格设置背景颜色及背景图像的方法相当简单，具体操作如下。

（1）首先选中要设置背景颜色的表格，单击"属性"面板上"背景颜色"后的█按钮，在弹出的调色板中单击要设置的颜色"#FFCC33"（橙黄色），如图 4-11 所示。

（2）将插入点置于要设置背景图像的单元格中，单击"属性"面板上"背景"文本框后的文件夹图标，如图 4-12 所示。

图 4-11 为表格设置背景颜色　　　　图 4-12 单击"背景"文本框后的文件夹图标

（3）打开"选择图像源文件"对话框，选择要设置为背景图像的图片，然后单击"确定"按钮，为单元格设置背景图像，如图 4-13 所示。

图 4-13 为单元格设置背景图像

课堂练习1　使用表格构建"火百合"主页布局

在学习了表格的简单应用后，下面将结合表格与图像的应用来看一下"火百合"主页的具体制作方法。

（1）在前面创建的"lily"站点中新建网页，并重命名为"index_b.html"。

（2）打开网页，按【Ctrl+J】组合键打开"页面属性"对话框，设置网页的上、下、左、右边距均为 0。

（3）将插入点置于文档编辑窗口中，单击"常用"插入栏中的"表格"按钮，如图 4-14 左图所示。

（4）打开"表格"对话框，设置"行数"和"列数"分别为"1"和"4"，"表格宽度"为"1003"，其他均为 0，然后单击"确定"按钮，如图 4-14 右图所示。

Dreamweaver 网页制作简明教程

图 4-14　插入表格

提示

　　使用表格布局网页时，表格的"边框粗细"通常都应设置为 0。

（5）插入的表格默认为选中状态，在"属性"面板上"对齐"下拉列表中选择"居中对齐"，使表格相对浏览器居中显示，我们称该表格为"表格 1"，如图 4-15 所示。

图 4-15　设置表格"居中对齐"

（6）在表格 1 左侧第 1 个单元格中单击定位插入点，接着单击"常用"插入栏中的"图像"按钮，在其中插入"images"文件夹下的图片"index_01.jpg"，如图 4-16 所示。

图 4-16　在单元格中插入图片

（7）按照同样的方法在其他两个单元格中插入相应图片，并在第 4 个单元格中插入 flash 动画"ban1.swf"，如图 4-17 所示。

图 4-17　在第 4 个单元格中插入动画

（8）单击"标签选择器"中的"<table>"标签，选中整个表格，然后按向右方向键【→】，

・58・

将插入点置于表格右侧。

（9）单击"常用"插入栏中的"表格"按钮，插入一个1行5列，"表格宽度"为"1003"，其他均为0的表格，我们称该表格为"表格2"，如图4-18所示。

图4-18　插入表格

（10）同样设置表格的对齐方式为"居中对齐"，并在各个单元格中插入相应的图片，如图4-19所示。

图4-19　设置表格对齐并插入图像

（11）采用同样的方法，在表格2下方继续插入表格并设置属性，然后插入图片，完成网页下部的制作。

课堂练习2　制作细线表格

网上冲浪时，偶尔可以看到边框线很细的表格，如图4-20所示。

在Dreamweaver中，有多种方法可以制作细线表格，下面我们讲解一种最简单也是最常用的方法，就是通过设置表格的间距和背景颜色来制作细线表格，具体操作如下。

图4-20　细线表格

（1）启动 Dreamweaver 8，并新建文档。单击"常用"插入栏中的"表格"按钮，打开"表格"对话框，设置行数为 4，列数为 4，表格宽度为 200 像素，单元格间距为 1，其他为 0，如图 4-21 左图所示。

（2）单击"确定"按钮，插入表格。在"属性"面板上设置表格背景颜色为"#FFCC00"（橘黄色），如图 4-21 右图所示。

图 4-21　插入表格并设置背景颜色

（3）在第 1 个单元格内单击，并向右下方拖动鼠标，选中所有单元格，然后在"属性"面板上设置单元格背景颜色为白色。在表格外任意处单击，可看到细线表格效果，如图 4-22 所示。

（4）保存文件后按【F12】键预览，细线表格在浏览器中的效果如图 4-23 所示。

图 4-22　设置单元格背景颜色　　　　　　图 4-23　细线表格效果

如果要制作图 4-20 所示，仅外边框为细线的表格，可以创建一个 1 行 1 列的表格，并执行上面的操作；如要在表格中输入不同的内容，可根据需要在其中嵌套不同的表格。

知识库

　嵌套表格的制作方法将在后面的课堂练习 3 中做具体介绍。

4.1.4　合并和拆分单元格

在网页制作中，经常会用到一些特殊结构的表格，此时就需要合并或拆分单元格。

1. 合并单元格

所谓合并单元格，就是将相邻的几个单元格合并成一个单元格，具体操作如下。

（1）启动 Dreamweaver 8，新建一个文档，并在文档中插入一个 3 行 3 列的表格，如图 4-24 左图所示。

（2）拖动鼠标选中要合并的连续单元格（此处为第 2 行的 3 个单元格），然后单击"属性"面板上的"合并所选单元格，使用跨度"按钮，如图 4-24 右图所示。

图 4-24　插入表格并合并单元格

提示

如果需要，也可选中某一列单元格并将其合并，比如第 1 列的 3 个单元格。

2. 拆分单元格

拆分单元格表示将一个单元格拆分成多个单元格，下面继续在前面的文档中操作，也就是将前面合并的单元格拆分开来，具体操作如下。

（1）在合并后的单元格中单击，然后单击"属性"面板上的"拆分单元格为行或列"按钮，如图 4-25 左图所示。

（2）打开"拆分单元格"对话框，在"把单元格拆分"区选择"列"单选钮，在"列数"文本框中输入"3"，然后单击"确定"按钮，如图 4-25 右图所示。

图 4-25　拆分单元格为 3 列

提示

如果在"把单元格拆分"区选择"行"，则下方的"列数"会自动变为"行数"。

4.1.5　添加或删除行和列

在使用表格布局网页时，往往需要在创建好的表格中添加或删除行和列，具体操作如下。

（1）当需要在某单元格的上方或下方添加行时，在该单元格中单击鼠标右键，并在弹出的快捷菜单中选择"表格" > "插入行或列"菜单，如图4-26左图所示。

（2）打开"插入行或列"对话框，在"插入"区选择"行"单选钮，设置行数为"1"，位置为"所选之下"，最后单击"确定"按钮，如图4-26右图所示。

图4-26 插入行

知识库　如果要在某单元格的左侧或右侧添加列，只需在"插入行或列"对话框中的"插入"区选择"列"，下方会自动变成"列数"，"位置"也会自动变为针对列的选项。

（3）此时可以看到，表格变成了4行。如要删除某行，只需在该行单击鼠标右键，然后在弹出的快捷菜单中选择"表格" > "删除行"即可，如图4-27所示。

图4-27 删除行

知识库　如果要在选中的单元格上方插入行，或左侧插入列，可在弹出的快捷菜单中选择"表格" > "插入行"菜单项，或"表格" > "插入列"菜单项。

4.1.6 格式化表格

在使用表格显示数据信息时，为便于浏览者阅读，往往需要为单元格设置不同的背景颜色，如图4-28所示。

图 4-28 设置不同的单元格背景颜色

制作这种表格有两种方法，一种是使用前面讲的方法一行一行的手动设置，还有一种是先使用 Dreamweaver 8 预设的表格样式，然后在"属性"面板中进一步修改，这样可以节省不少时间。下面我们来看看如何使用 Dreamweaver 8 预设的样式格式化表格。

（1）继续在前面的文档中操作。首先选中表格，然后选择"命令">"格式化表格"菜单，如图 4-29 左图所示。

（2）打开"格式化表格"对话框，在左上角的样式列表中选择一种方案，右侧可看到预览效果，然后在下方进行适当设置，最后单击"确定"按钮，如图 4-29 右图所示。

图 4-29 格式化表格

（3）此时可看到样式已应用到所选表格，如图 4-30 所示。

图 4-30 格式化表格效果

课堂练习3 制作嵌套表格

所谓嵌套表格，就是在一个大表格的某个单元格里插入一个新的表格，我们看到的绝大多数网页都是由多个表格相互嵌套进行网页布局的。

下面通过制作"lily"网站中的"产品展示"页面来看看嵌套表格的应用和制作方法。

（1）打开本书附赠素材"\素材与实例\lily"站点中的"pro1_a.html"文档。可以看到图片"护肤系列"下方有 4 个空白的单元格，如图 4-31 所示。

图 4-31 打开"pro1_a.html"文档

（2）将插入点置于第 2 个单元格中，单击"常用"插入栏中的"表格"按钮 ，插入一个 1 行 2 列，宽度为 600 像素的表格，如图 4-32 所示。

图 4-32 插入表格

（3）在表格的第 1 个单元格中插入图片"pro1-3.jpg"，在第 2 个单元格中输入文本，如图 4-33 所示。

（4）将插入点置于图片所在的第 1 个单元格中，在"属性"面板的"宽"文本框中输入"180"后按【Enter】键，设置该单元格的宽为 180 像素，然后单击"居中对齐"按钮 ，使图片居中对齐，如图 4-34 所示。

图 4-33 设置表格内容   图 4-34 设置单元格宽度并居中对齐

小技巧

当图片占据整个单元格时，要通过单击的方式将插入点置于单元格中可能不太容易，此时可以单击图片，然后按"向右"方向键【→】来定位插入点。

（5）单击表格边框线，选中表格，然后在"属性"面板的"对齐"下拉列表中选择"居中对齐"，使得表格相对于所在单元格居中对齐，如图 4-35 所示。

（6）为使表格与下方边框之间有一定距离，将插入点置于表格后方，按【Shift+Enter】组合键换行，如图 4-36 所示。

图 4-35　使表格居中对齐

图 4-36　插入空行

（7）按照同样的方法，在其他两个单元格中嵌套表格并设置内容。

课堂练习 4　制作圆角表格

在浏览网页时，经常会看到类似于图 4-37 所示的圆角表格，这使得整个网页看起来更加柔和、美观。制作圆角表格的方法有很多，下面就以制作图 4-37 中左侧表格为例，具体讲解一下此类表格的制作方法。

图 4-37　圆角表格

（1）启动 Dreamweaver 8，打开本书附赠素材 "\素材与实例\Round table" 文件夹中的 "table_a.html" 文档。

（2）将插入点置于文档编辑窗口中，单击"常用"插入栏中的"表格"按钮，插入一个 3 行 1 列，"表格宽度"为 194 像素的表格，如图 4-38 所示。

图 4-38　插入表格

（3）将插入点置于第 1 个单元格中，设置其高为 35 像素，单击"属性"面板中"背景"文本框后的"单元格背景 URL"按钮▢，如图 4-39 左图所示。

（4）弹出"选择图像源文件"对话框，在"查找范围"下拉列表中选择图像所在文件夹，在文件列表中选择背景图像（此处为"sub_t.gif"），最后单击"确定"按钮，设置单元格背景图像，如图 4-39 右图所示。

图 4-39　设置单元格高和背景图像

（5）在第 1 个单元格中嵌套一个 1 行 2 列，宽为 180 像素的表格，并设置其高为 27 像素。接下来在嵌套表格的第 2 个单元格中输入文本"女性热点"，如图 4-40 所示。

（6）拖动鼠标选中文本，在"属性"面板中的"大小"下拉列表中选择"14"。单击"文本颜色"设置按钮▢，设置文本颜色为白色；然后单击 **B** 按钮，将文字设置为粗体，如图 4-41 所示。

图 4-40　输入文本　　　　　　　　　　图 4-41　设置文本属性

（7）将插入点置于第 2 个单元格中，参照前面介绍的方法，设置其背景图像为"sub_m.gif"，如图 4-42 所示。

（8）将插入点置于第 3 个单元格中，在其中插入图片 "sub_b.gif"，如图 4-43 所示。

图 4-42 设置单元格背景图像

图 4-43 插入图片

（9）在第 2 个单元格中嵌套一个 1 行 1 列，宽为 180 像素的表格，并设置该表格为 "左对齐"，如图 4-44 所示。

（10）将本书附赠素材 "\素材与实例\Round table" 文件夹中的文本文档 "text.txt" 中的内容拷贝到嵌套表格中，如图 4-45 所示。

图 4-44 嵌套表格

图 4-45 拷贝文本

（11）拖动鼠标选中所有文本，单击 "属性" 面板上的 "项目列表" 按钮 ，然后在 "样式" 下拉列表中选择已定义好的列表样式 "list"，如图 4-46 所示。

（12）在表格外任意处单击，得到圆角表格的最终效果，如图 4-47 所示。

图 4-46 对文本应用列表样式

图 4-47 圆角表格最终效果

提示

列表样式的设置方法将在第 6 章中做详细介绍。

4.2　使用框架

利用框架可以将一个浏览器窗口划分为多个区域，且每个区域都可以显示不同的 HTML 文档。使用框架的最常见情况就是，一个框架显示包含导航控件的文档，另一个框架显示含有内容的文档。例如，大家经常看到的论坛网页。

4.2.1　关于框架和框架集

在框架网页中，浏览器窗口被划分成了若干区域，每个区域称为一个框架。每个框架可显示不同的文档内容，彼此之间互不干扰。

框架网页由框架集定义，框架集是特殊的 HTML 文件，它定义一组框架的布局和属性，包括框架的数目、大小和位置，以及在每个框架中初始显示的页面 URL。

框架集文件本身不包含要在浏览器中显示的 HTML 内容，只是向浏览器提供应如何显示一组框架，以及在这些框架中应显示那些文档。

要在浏览器中查看一组框架，需要输入框架集文件的 URL，浏览器随后打开要显示在这些框架中的相应文档。

图 4-48 显示了一个由两个框架组成的框架网页：一个较窄的框架位于左侧，其中包含导航条；一个大框架占据了页面的其余部分，包含网页的主要内容。这些框架中的每一个都显示单独的 HTML 文档。

图 4-48　框架网页

在此示例中，当访问者浏览站点时，单击左侧框架中的某一超链接，要么展开或收缩其中的栏目，要么更改右侧框架的内容。

4.2.2 创建框架集

用户可以直接创建框架集，也可以在普通页面中加载预定义的框架集。其中，直接创建框架集的方法与创建普通页面的方法相似，下面我们来看具体操作。

（1）启动 Dreamweaver 8 后，选择"文件" > "新建"菜单，弹出"新建文档"对话框，如图 4-49 所示。

（2）在该对话框的"类别"列表中选择"框架集"选项，右侧将显示系统预定义的框架集类型，选择其中一种，如图 4-50 所示。

图 4-49 弹出"新建文档"对话框

图 4-50 选择框架集类型

（3）单击"创建"按钮，完成框架集的创建。图 4-51 显示了"上方固定，左侧嵌套"框架集。

图 4-51 创建的框架集

Dreamweaver 预定义的框架集有很多，读者可以根据需要进行选择。

在普通页面中加载框架集就像插入表格一样简单，只需在"布局"插入栏中单击"框架"

按钮 后的下拉箭头，然后在弹出的下拉列表中选择要插入的框架集类型即可。

4.2.3 框架和框架集的基本操作

对框架及框架集的基本操作包括选择、删除等，下面就来学习这些操作。

1. 认识"框架"面板

利用"框架"面板可以对框架和框架集进行操作，选择"窗口">"框架"菜单，可以打开"框架"面板，如图 4-52 所示。

图 4-52　框架面板

"框架"面板显示了当前框架集的结构，不同的框架区域显示了相应框架的名称。

2. 选择框架和框架集

选择框架和框架集有两种方法，一种是在文档窗口中选择，还有一种是在"框架"面板中选择。

在文档窗口中选择框架的方法为，按住【Alt】键，然后在要选择的框架内单击，被选中的框架边线将显示为虚线，如图 4-53 所示。

图 4-53　选择框架

如要选择框架集，单击该框架集上的任意边框即可，此时框架集的所有边框都呈虚线显示，如图 4-54 所示。

利用"框架"面板选择框架时，直接在面板中相应区域单击即可。选择框架集时，在面板中单击框架集的边框即可。

小技巧　在选中一个框架的基础上，可按住【Alt】键和方向键选中其他框架。其中，【Alt】键和【→】、【←】键配合可选中同级框架或框架集；【Alt】键和【↑】键配合可选中当前框架的上一级框架或框架集；【Alt】键和【↓】键配合可选中当前框架的下一级框架。

图 4-54　选择框架集

4.2.4　框架和框架集的属性设置

利用"属性"面板可以设置框架和框架集的属性，包括框架名称、框架源文件、框架边框等。

1. 设置框架属性

选中框架后，"属性"面板上将显示相应框架的属性，如图 4-55 所示。

图 4-55　框架"属性"面板

下面列出框架"属性"面板中各项参数的意义：

 ☐ 框架名称：命名选取的框架，以方便被程序引用或作为链接的目标框架。

  框架名只能包含字母、下划线等，且必须是字母开头，不能出现连字符、句点及空格，不能使用 JavaScript 的保留关键字。

 ☐ 源文件：显示框架源文件的保存路径，单击文本框后的▢按钮可重新指定框架源文件。

 ☐ 边框：选择是否显示框架的边框。

 ☐ 滚动：设置框架滚动条的属性，"是"表示无论框架文档中的内容是否超出框架大小，都显示滚动条；"否"表示不管框架内容是否超出框架大小，都不显示滚动条；"自动"表示当框架内容超出框架大小时，出现框架滚动条，否则不出现框架滚动条；"默认"表示采用浏览器默认的方式。

 ☐ 不能调整大小：选中该复选框表示不能在浏览器中拖动框架边框来改变框架大小。

 ☐ 边框颜色：设置框架边框的颜色。

□　边界宽度：设置框架内容距左右边框的距离。

　　□　边界高度：设置框架内容距上下边框的距离。

2. 设置框架集属性

　　选中框架集，"属性"面板将如图 4-56 所示。

图 4-56　框架集"属性"面板

　　该面板中各参数的含义同框架"属性"面板基本相同，不同的是在"行"或"列"文本框中可设置框架的行高或列宽，在"单位"下拉列表框中可选择具体单位。

提示　　框架属性的优先级高于框架集属性，也就是说框架的属性不受框架集属性的影响。

4.2.5　保存框架和框架集

　　框架及框架集的保存与一般网页文档的保存不同，框架集中的每一个框架都相当于一个网页文档。因此，在保存框架网页时，需要保存单个的框架，还需要保存框架集。

1. 保存框架

　　将插入点定位在要保存的框架中，选择"文件">"保存框架"菜单即可保存该框架网页。如果该框架未被保存过，会弹出"另存为"对话框，在该对话框中指定保存路径和文件名后，单击"保存"按钮即可。

2. 保存框架集

　　保存框架集的方法与保存框架相似，首先选中所需保存的框架集，然后选择"文件">"保存框架页"菜单即可。

3. 保存框架集中的所有文档

　　选择"文件">"保存全部"菜单，即可保存框架集中的所有文档。此时会依次弹出多个"另存为"对话框，逐个保存框架集中的所有文档。

课堂练习5　用框架布局网页

　　在学习了框架的基础知识后，下面通过一个实例来练习一下框架在实际网页制作中的应用。该例制作了一个名为"娱乐天地"的网页，它首先利用框架将页面划分成了若干区域。另外，在局部布局中也用到了表格。网页效果如图 4-57 所示。

图 4-57　框架网页效果图

（1）首先将本书附赠素材 "\素材与实例\frame" 文件夹中的 "images" 文件夹、s.css、s1.css、yule.html 和 yuleleft.html 拷贝到本地站点根文件夹中。

（2）新建一个网页。将文档窗口上方的 "常用" 插入栏切换至 "布局" 插入栏，单击框架按钮▢右侧的小三角符号，在弹出的列表中选择 "顶部和嵌套的左侧框架"，如图 4-58 所示。

（3）选择 "文件" > "保存框架页" 菜单，保存框架页为 "yuletotal.html"。

（4）将插入点置于上方框架中，选择 "文件" > "保存框架" 菜单，保存框架为 "yuletop.html"。

（5）单击 "属性" 面板上的 "页面属性" 按钮，在弹出的 "页面属性" 对话框中设置 "上边距" 为 6 像素，如图 4-59 所示。

图 4-58　插入框架集

图 4-59　设置页面属性

（6）在上方框架中输入文字 "娱乐天地"，在 "属性" 面板上设置文字大小为 "30"，字体为 "汉仪超粗黑简"，颜色为 "#6699FF"（天蓝色），如图 4-60 所示。

（7）在 "娱乐天地" 右侧按两次【Shift+Enter】组合键，单击 "常用" 插入栏中的 "图像" 按钮▣，插入图片 "dhb1.gif"，如图 4-61 所示。

（8）在刚插入的图片后方单击，然后插入其他图片，最后效果如图 4-62 所示，此时上方框架就制作完成了，按【Ctrl+S】组合键保存文件。

图 4-60　输入文本并设置属性　　　　　　　　　图 4-61　插入图像

图 4-62　插入所有图片

（9）按住【Alt】键的同时单击左侧框架上任意处选中该框架，单击"属性"面板上"源文件"文本框后的"浏览文件"按钮，如图 4-63 左图所示。

（10）打开"选择 HTML 文件"对话框，在"查找范围"下拉列表中选择源文件所在位置，在文件列表中选择源文件，然后单击"确定"按钮，如图 4-63 右图所示。

图 4-63　设置左侧框架源文件

（11）将光标置于左右框架的分界线上，当光标变为双向箭头时向右拖动鼠标，加宽左侧框架，如图 4-64 所示。

（12）选中右侧框架，单击"属性"面板上"源文件"文本框后的"浏览文件"按钮，设置右侧框架源文件为"yule.html"，单击"确定"按钮后会弹出提示框，单击"是"按钮，如图 4-65 所示。

（13）弹出"另存为"对话框，在"保存在"下拉列表中选择保存文件的位置，在"文件名"文本框中输入文件名（yulele），然后单击"保存"按钮，如图 4-66 所示。

图 4-64　加宽左侧框架　　　　　　图 4-65　设置右侧框架源文件时弹出提示框

图 4-66　设置右侧框架源文件

（14）选中整个框架集，在"属性"面板"边框"下拉列表中选择"是"，"边框宽度"文本框里输入"1"，"边框颜色"为"#CCCCCC"（浅灰色），如图 4-67 所示。

（15）保存所有框架文档后，按【F12】键预览，效果如图 4-68 所示。

图 4-67　设置框架集边框属性　　　　　图 4-68　预览文档

课后总结

制作网页时，设计网页布局非常重要。在 Dreamweaver 8 中，我们可以借助表格和框架设计任意形状的网页布局。总的来说，表格及框架的创建和编辑方法并不难，难的是如何设计出漂亮而又合理的网页布局。别无他法，只有多观摩好的布局，并在此基础上多加练习。

思考与练习

一、填空题

1．所谓表格（Table）就是由一个或多个_____构成的集合，表格中横向的多个单元格称为_____，垂直的多个单元格称为_____。

2．在 Dreamweaver 中选择表格的方法非常简单，只需用鼠标_____表格边框线即可。当表格外框显示为_____粗实线时，就表示该表格被选中了。

3．要选择某个单元格，可首先将插入点放置在该单元格内，然后按_____组合键或者单击"标签选择器"中对应的_____标签。

4．要选择表格中的某行或某列，可将光标置于该行的_____或该列的_____，当光标形状变为黑色箭头➡或⬇时单击鼠标。

5．所谓_____表格，就是在一个大表格的某个单元格里插入一个新的表格，我们看到的绝大多数网页都是由多个表格相互嵌套进行网页布局的。

6．_____可以将一个浏览器窗口划分为多个区域，且每个区域都可以显示不同的 HTML 文档。

7．框架名只能包含____、_____等，且必须是字母开头，不能出现连字符、句点及空格，不能使用 JavaScript 的保留关键字。

二、简答题

1．简述合并与拆分单元格的方法。

2．简述在单元格中添加或删除行或列的方法。

三、操作题

使用表格布局如图 4-69 所示的"彩蝶服饰"网页。

图 4-69 "彩蝶服饰"网页

提示：

（1）首先将本书附赠素材"\素材与实例\dress"文件夹中的"images"文件夹拷贝到本地站点根文件夹中。

（2）新建网页并保存为"index.html"。按【Ctrl+J】组合键，设置"页面属性"如图4-70所示。

图 4-70　设置页面属性

（3）在网页中插入一个1行4列，宽1000像素的表格，暂称该表格为"表格1"，设置表格1"高"为"87像素"，"背景图像"为"1_03.jpg"。

（4）在第2个单元格中插入图片"1_02.jpg"，将第4个单元格拆分为两行，设置第2行的"高"为"34像素"，"背景图像"为"1_06.jpg"，如图4-71所示。

图 4-71　插入表格并设置属性

（5）在第2行单元格中嵌套一个1行8列，宽为90%的表格，设置表格居中对齐，并输入文本，拖动单元格之间的分界线，使得文本与背景上的单元格一一对应，如图4-72所示。

图 4-72　输入文本并对齐

（6）在"表格1"下方插入一个1行1列，宽1000像素的表格，暂称该表格为"表格2"。在表格2中插入图片"1_08.jpg"，如图4-73所示。

（7）在"表格2"下方插入一个1行1列，宽1000像素的表格，暂称该表格为"表格3"。设置表格3的"背景图像"为"1_10.jpg"，然后在其中插入图片"1_09.jpg"，如图4-74所示。

图 4-73　插入表格并在其中插入图片

图 4-74　插入表格 3 并设置属性

（8）在"表格 3"下方插入一个 3 行 4 列，宽 1000 像素，单元格边距为 10 的表格，暂称该表格为"表格 4"。

（9）在"表格 4"的第 1 个单元格中单击，并向右拖动鼠标选中所有单元格，单击"属性"面板上的"居中对齐"按钮 ，使得所有单元格居中对齐。

（10）在"表格 4"的第 1 行单元格中分别插入不同的图片，如图 4-75 所示。

图 4-75　插入表格 4 并在第 1 行中插入图片

（11）在"表格 4"的第 2 行单元格中分别输入文本，在第 3 行单元格中插入按钮图片，如图 4-76 所示。

图 4-76 输入文本并插入图片

（12）可参考上面的步骤制作网页其他内容。本例对应的网页源文件为本书附赠素材"\素材与实例\dress"文件夹中的"index.html"。

第 5 章　应用超链接和行为

本章主要介绍超链接和行为的应用。超链接是网站中最重要的组成部分，它指向我们要访问的目标文档或其他元素，从而使我们可以从一个页面跳转到另一个页面，或执行其他操作；行为可以实现浮动的广告，滚动的字幕，以及可以收缩、放大的图像等效果。

本章要点

5.1　应用超链接

超链接的类型包括很多种，最常用的是常规超链接，另外还有图片链接、下载链接、电子邮件链接等，下面分别介绍。

5.1.1　常规超链接

常规超链接包括内部超链接和外部超链接，内部超链接是指目标文件位于站点内部的链接；外部超链接可实现网站与网站之间的跳转，也就是从本网站跳转到其他网站。

1. 内部超链接

内部超链接的设置非常灵活，在选中要设置链接的文本或图像后，可以在"属性"面板的"链接"编辑框中直接输入要链接到的网址或网页名称；也可以通过单击"属性"面板上"链接"编辑框后的文件夹图标，在弹出的"选择文件"对话框中选择要链接到的文件；还有一种方法是单击并拖动"属性"面板上"链接"文本框后的 按钮到"文件"面板中的文件上，前提是此时的"文件"面板中显示的是该网页所在网站，图 5-1 显示了采用最后一种方法为网页中的文本设置内部链接的方法。

图 5-1　为文本设置内部链接

"链接"下方的"目标"表示打开链接文档的方式，默认为在当前窗口中打开链接网页，其中各选项的意义如下：

- 📖 _blank：表示在保留当前网页窗口的状态下，在新窗口中显示被打开的链接网页。
- 📖 _parent：表示在当前窗口显示被打开的链接网页；如果是框架网页，则在父框架中显示被打开的链接网页。
- 📖 _self：表示在当前窗口显示被打开的链接网页；如果是框架网页，则在当前框架中显示被打开的链接网页。
- 📖 _top：表示在当前窗口显示被打开的链接网页，如果是框架网页，则删除所有框架，显示当前网页。

 知识库　　要取消超链接，可在选中已设置超链接的对象后，删除"属性"面板上"链接"编辑框中的内容。

2. 外部超链接

外部超链接只能采用一种方法设置，就是在选中对象后，在"属性"面板的"链接"编辑框中输入要链接到的网址，图 5-2 显示了为网页中的图像设置外部超链接的方法。

图 5-2　为图像设置外部超链接

5.1.2　图片链接和下载链接

我们在上网时经常会碰到图片链接和下载链接。例如，单击网页中的某个小图片会在新窗口中打开一幅大图片，或者单击某个链接会打开一个下载提示对话框等。这就是我们所说的图片链接和下载链接。

实际上，设置这类链接的方法非常简单，选中要设置为链接的文本或图片后，只要在"属性"面板的"链接"编辑框中将链接目标设置为图像文件或压缩文件就可以了，如图 5-3 所示。此外，如果希望在新窗口中打开大图像，还应将"目标"设置为"_blank"。

图 5-3　图片链接和下载链接

5.1.3 电子邮件链接

有些网站上留有电子邮件地址，单击该地址可打开"Outlook Express"的"新邮件"窗口（参见图 5-4），这是一种特殊类型的链接，又叫电子邮件链接。如果在自己的网站上加一个这样的链接，可以方便别人联系你，下面来看看如何设置此类链接。

（1）拖动鼠标选中要设置电子邮件链接的文本"联系地瓜"，如图 5-5 上图所示。

（2）在"属性"面板上"链接"编辑框中输入"mailto:电子邮箱地址"，此处为mailto:master@bjjqe.com，如图 5-5 下图所示。

图 5-4 "新邮件"窗口   图 5-5 设置电子邮件链接

知识库　　此处是直接在"属性"面板上输入代码来设置电子邮件链接。另外，也可以选择"插入" > "电子邮件链接"菜单，然后在弹出的对话框中输入邮箱地址来设置。

（3）保存文件后按【F12】键预览，将光标置于链接文本上方时，光标变为手形，此时单击鼠标可打开"新邮件"对话框，且"收件人"文本框中显示刚才设置的电子邮件地址，如图 5-6 所示。

图 5-6 预览效果

5.1.4 热点链接

通过前面的学习，相信大家已经掌握了为一张图片设置单个链接的方法。那么，如何为一张图片设置多个链接呢？这就用到了热点。使用热点工具可以将一张图片划分成多个区域，并为这些区域分别设置链接。下面来看看该链接的具体设置方法。

（1）单击选中要设置链接的图片"dh.jpg"，可看到"属性"面板的左下角出现三个不同形状的热点工具，单击其中的"矩形热点工具" □，如图 5-7 左图所示。

（2）在图片"dh.jpg"上"夕照台"所在区域，单击鼠标左键并拖动，绘制一个矩形区域，如图 5-7 右图所示。

图 5-7　绘制矩形热点区域

（3）可以看到"属性"面板也随之发生了变化。单击文档编辑窗口右侧的按钮，显示"文件"面板，然后拖动"属性"面板上"链接"文本框后的按钮到要链接的文件"index.html"上，如图 5-8 所示。

（4）继续在图片上"夕山"所在区域单击鼠标并拖动，绘制一个矩形区域，如图 5-9 所示。

图 5-8　设置热点链接　　　　图 5-9　继续绘制热点区域

（5）采用同样的方法为该矩形热点区域设置到"xishan.html"的链接，如图 5-10 所示。

（6）按【Ctrl+S】组合键保存文档后，按【F12】键预览。将光标置于文字"夕照台"

上方时，光标变为手形（表示此处设置了链接），单击可打开链接的网页，如图 5-11 所示。

图 5-10　设置热点链接　　　　　　　　　　图 5-11　预览网页

提示

像文本和图像一样，可以为热点设置各种类型的链接。

5.1.5　命名锚记链接

有时候我们可能会遇到这种情况，由于网页的内容非常多，浏览器的滚动条变得很长，而使得浏览者无法快速找到所要的内容。为解决这个问题，我们可以通过命名锚记链接来为网页添加内部链接，单击该链接，就跳转到网页中指定的位置。

要创建命名锚记链接，应首先定义好命名锚记，然后创建跳转到命名锚记的链接，具体操作如下。

（1）在希望插入命名锚记的位置单击，确定插入点。

（2）单击"插入"栏"常用"类别中的"命名锚记"按钮，或者选择"插入"菜单中的"命名锚记"命令。

（3）在弹出的"命名锚记"对话框中输入锚记名称，然后单击"确定"按钮，即可在指定位置插入命名锚记，如图 5-12 所示。

图 5-12　插入命名锚记

知识库

锚记名称中不能含有空格，区分大小写，而且也不能置于层内。此外，单击命名锚记，可利用"属性"面板修改命名锚记名称。

（4）添加命名锚记后，还需要创建指向它的超链接。创建命名锚记链接的方法与创建常规超链接完全相同，只是应在链接的锚记名称前输入符号"#"（表示当前页），图 5-13 是在"属性"面板中为图片设置命名锚记链接。

图 5-13   为图片设置命名锚记链接

（5）设置结束后，在浏览器中预览网页时，就可以通过单击超链接来定位到命名锚记所在的位置。

5.1.6   使用跳转菜单

我们可以把跳转菜单看作是一种超链接的集合，它以弹出式下拉菜单的形式在网页中展现出来，如图 5-14 所示。

弹出菜单内的链接没有类型上的限制，可以是本地链接，也可以是到其他网站的链接，还可以是电子邮件链接或命名锚记链接。

要在页面中插入跳转菜单，可按以下方法操作。

（1）将插入点置于页面中要插入跳转菜单的地方，然后选择"插入">"表单">"跳转菜单"命令，此时将弹出"插入跳转菜单"对话框，如图 5-15 所示。

图 5-14   跳转菜单   图 5-15   "插入跳转菜单"对话框

该对话框中各设置项的意义如下：

📖 菜单项：列出了所有创建的菜单项。由于是新建菜单，因此这里只有一项默认的"unnamed1"。

📖 文本：用来设置跳转菜单项的名称。

📖 选择时，转到 URL：用来设置跳转菜单项的链接地址。

📖 打开 URL 于：用来设置跳转菜单项链接的打开方式。

📖 菜单名称：用来设置便于记忆和理解的跳转菜单名称。

📖 菜单之后插入前往按钮：勾选此项时会在跳转菜单的后面添加一个"前往"按钮，当浏览者在下拉菜单中选择了相关项目后，必须单击这个按钮，浏览器才会打开链接网页；如果不选择此项，表示单击选择某个菜单项可直接打开链接文档。

 📖 更改 URL 后选择第一个项目：勾选此项时允许我们使用菜单选择提示。

（2）在"文本"编辑框中输入"新浪网"，在"选择时，转到 URL"编辑框中输入"http://www.sina.com.cn"，第一个菜单项就创建完成了，如图 5-16 所示。

图 5-16   创建第 1 个菜单项

（3）单击"添加项"按钮 +，继续为跳转菜单设置其他菜单项，如图 5-17 所示。

图 5-17   继续添加其他菜单项

（4）设置结束后，单击"确定"按钮，关闭"插入跳转菜单"对话框。选择跳转菜单，然后可在"属性"面板中设置初始菜单项，如图 5-18 所示。

图 5-18   设计好的跳转菜单及其属性面板

（5）保存文档并在 IE 浏览器中预览，结果如图 5-19 所示。当我们在下拉列表中选中一个项目后，即可在当前窗口中打开链接网页。

要修改跳转菜单，可以首先单击选中跳转菜单，然后单击"属性"面板中的"列表值"按钮，此时将打开图5-20所示"列表值"对话框。通过该对话框可以增加、删除菜单项，调整菜单顺序。增加菜单后，可分别单击"项目标签"和"值"按钮，输入菜单名称和其链接的网址。

图5-19 网页预览效果　　　　　　图5-20 "列表值"对话框

另外，如果在"属性"面板中选中"列表"单选钮，然后在"高度"编辑框中设置列表框高度，则跳转菜单将以列表框形式显示，如图5-21所示。

图5-21 以列表方式显示的跳转菜单

课堂练习1　为拍拍网页中的文字和图像添加链接

学会了使用超链接，就可以将网站中一个个单独的网页链接起来。通过前面的学习我们知道，超链接的形式有多种，但最常用的只有常规的文本和图片链接，接下来我们就通过下面的例子来进一步掌握这两种最基本的链接形式。

（1）选择"文件" > "打开"菜单，弹出"打开"对话框，选择本书附赠素材"素材与实例" > "pai"中的"paipai_a.html"文档，然后单击"打开"按钮打开该文档，如图 5-22 所示。

图5-22 打开拍拍网页

（2）选中页面中第一件商品的图片，单击"属性"面板中"链接"文本框后的"浏览文件"按钮▢，如图 5-23 所示。

图 5-23　单击"浏览文件"按钮

（3）在打开的"选择文件"对话框中，选择本书附赠素材"素材与实例" > "pai"中的"paipai1.html"文档，然后单击"确定"按钮链接到该文档，如图 5-24 所示。

（4）在"属性"面板"目标"下拉列表中选择"-blank"，表示在新窗口中打开网页，如图 5-25 所示。

图 5-24　链接到文档　　　　　　　　　　图 5-25　图像"属性"面板

（5）接下来为商品名字添加链接，拖动鼠标选中第一件商品的名字，单击"属性"面板"链接"编辑框后的"浏览文件"按钮▢，如图 5-26 所示。

图 5-26　为商品名字添加链接

（6）在弹出的"选择文件"对话框中选择本书附赠素材"素材与实例" > "pai"中的"paipai1.html"文档，然后单击"确定"按钮链接到该文档，并在"属性"面板"目标"下拉列表中选择"-blank"，如图 5-27 所示。

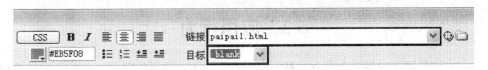

图 5-27　设置打开网页方式

（7）按【Ctrl+S】组合键保存文件，然后按【F12】键预览，将光标置于第一件商品图片上方，光标变为手形，如图 5-28 所示。

图 5-28　预览网页

（8）单击鼠标，打开链接网页"paipai1.html"，如图 5-29 所示。同样地单击图片下方的文字也可以打开链接网页，大家可参照前面的操作为网页中的其他产品图片和文字添加超链接。

图 5-29　打开链接网页

5.2 应用行为

我们在浏览网页时经常会看到一些浮动的广告，滚动显示的字幕，可以收缩、放大的图像等，所有这些功能都可以通过行为来实现。行为能够帮助用户轻松使用 JavaScript。

5.2.1 初识行为

应用行为时需要先选中要应用行为的对象，然后在"行为"面板的动作列表中选择效果，并在打开的窗口中设置效果，最后指定设定的动作在什么情况下发生，也就是指定事件，如图 5-30 所示。

图 5-30 应用行为

由以上操作不难看出，每个行为都由两部分组成，即事件和动作。所谓事件是指"发生什么"，如鼠标移到对象上方、离开对象或双击对象等都可看做事件；而动作是指"去做什么"，如打开浏览器窗口、播放声音或弹出信息等。简单来说，就是当发生某个事件的时候去执行某项动作。

下面分类列出了常用事件和动作的名称及其意义。

1. 事件

☷ onAbort：在浏览器中停止加载网页文档时发生的事件。

☷ onMove：移动浏览器窗口时发生的事件。

☷ onLoad：在浏览器中加载完网页时发生的事件。

☷ onClick：鼠标单击选定对象（如超链接、图片、图片映像、按钮）时发生的事件。

☷ onFocus：对象获得焦点时发生的事件。例如，单击表单中的文本编辑框触发该事件。

☷ onMouseDown：单击鼠标左键（不必释放鼠标键）时发生的事件。

☷ onMouseMove：鼠标指针经过对象时发生的事件。

☷ onMouseOut：鼠标指针离开选定对象时发生的事件。

☷ onMouseOver：鼠标指针移入对象上方时发生的事件。

☷ onMouseUp：当按下的鼠标按键被释放时发生的事件。

- onReset：表单文档被设定为初始值时发生的事件。
- onSubmit：提交表单文档时发生的事件。
- onSelect：在文本区域中选定文本内容时发生的事件。
- onError：加载网页文档的过程中出现错误时发生的事件。
- onFinish：（Marquee）字幕结束一个循环时发生的事件。
- onStart：（Marquee）字幕开始循环时发生的事件。

2. 动作

- 检查浏览器：检查访问者所使用的浏览器版本，为其显示合适的网页文档。
- 检查插件：检查访问者所安装的插件，给其发送不同的页面或给出提示。例如，如果网页中包含了 Flash 动画，则可以利用该动作检查访问者的浏览器是否安装了 Flash 播放器插件。如果没有安装，则可以给出提示信息。
- 控制 Shockwave 或 Flash：利用该动作可播放、停止、重播或转到 Shockwave 或 Flash 电影的指定帧。
- 拖动层：利用该动作允许用户拖动层。
- 转到 URL：发生指定的事件时跳转到指定的网页。
- 跳转菜单：当用户通过选择"插入"＞"表单"＞"跳转菜单"命令创建了一个跳转菜单时，Dreamweaver 将创建一个菜单对象，并为其附加行为。在"行为"面板中双击跳转菜单动作可编辑跳转菜单。
- 打开浏览器窗口：在新窗口中打开网页，并可设置新窗口的尺寸等属性。
- 播放声音：播放声音或音乐文件。
- 弹出信息：显示带指定信息的 JavaScript 警告。用户可在文本中嵌入任何有效的 JavaScript 功能，如调用、属性、全局变量或表达式（需用"{}"括起来）。例如，"本页面的 URL 为 {window.location}，今天是{new Date（）}"。
- 预先载入图像：装入图片，但该图片在页面进入浏览器缓冲区之后不立即显示。它主要用于时间线、行为等，从而防止因下载引起的延迟。
- 设置导航栏图像：将图片加入到导航条或改变导航条图片显示。
- 设置状态栏文本：在浏览器左下角的状态条中显示信息。
- 显示-隐藏层：显示、隐藏一个或多个层窗口，或者恢复其缺省属性。
- 显示弹出式菜单：为对象添加弹出式菜单，当触发某事件时显示该弹出式菜单。
- 隐藏弹出式菜单：当触发某事件时隐藏对象的弹出式菜单。
- 交换图像：通过改变 IMG 标记的 SRC 属性改变图像。利用该动作可创建活动按钮或者其他图像效果。
- 恢复交换图像：恢复交换图像至原图。

5.2.2　熟悉"行为"面板

为文档添加行为，需要使用"行为"面板，下面来认识一下"行为"面板。选择"窗口"＞"行为"菜单，或按【Shift+F4】组合键，即可打开"行为"面板，如图 5-31 所示。面板中显示了已添加的行为。

图 5-31　"行为"面板

课堂练习 2　应用"打开浏览器窗口"行为

应用"打开浏览器窗口"行为，可通过单击目标文字或图片，打开固定大小的窗口。下面通过一个实例，来看看"打开浏览器窗口"行为在网页中的具体应用。

（1）首先打开本书附赠素材"\素材与实例\lily"站点中的"haird.html"文档，拖动鼠标选中文本"美白防晒十话十说"，然后在"属性"面板上"链接"编辑框中输入"#"并按【Enter】键，为文本设置空链接，如图 5-32 所示。

（2）打开"行为"面板，单击"添加行为"按钮 +，在弹出的下拉菜单中选择"打开浏览器窗口"行为，如图 5-33 所示。

图 5-32　为文本设置空链接　　　　　　　图 5-33　添加行为

 提示　　　一般对纯文本是不能应用行为的，如果要对其应用行为，首先需要为其设置空链接。

（3）弹出"打开浏览器窗口"对话框，在该对话框中单击"要显示的 URL"文本框后的"浏览"按钮，弹出"选择文件"对话框，选择要在窗口中显示的网页（此处为"lily"站点中的"ha2.html"网页），并单击"确定"按钮，如图 5-34 所示。

图 5-34　设置要在窗口中显示的网页

（4）回到"打开浏览器窗口"对话框，设置窗口宽度和高度，然后单击"确定"按钮，如图 5-35 所示。

（5）在"行为"面板中，将事件更改为"onClick"，如图 5-36 所示。

图 5-35　设置窗口宽度和高度 　　　　　　　　　　　图 5-36　更改事件

 知识库

　　如要编辑行为，可双击"行为"面板中相应的行为名称，比如此处的"打开浏览器窗口"行为。

（6）保存文件后按【F12】键预览，单击添加行为的文本，在显示器左下方弹出一个大小为 570×600 的窗口，如图 5-37 所示。

图 5-37　预览网页

行为不仅仅可以应用在文本上，可以对"body"标签、图片等任何网页对象应用行为。

课堂练习 3　应用"显示—隐藏层"行为

有些内容较多的网站经常需要用到下拉菜单，使用"显示-隐藏层"行为就可以轻松实现该功能，下面以"pegiun"网页为例，讲述下拉菜单的制作方法。

（1）首先打开本书附赠素材"\素材与实例\pegiun"站点中的"index_a.html"文档。

（2）将插入点置于导航条上"公司概览"下方黑色背景的单元格中，如图 5-38 左图所示。

（3）选择"插入"＞"布局对象"＞"层"菜单，在该单元格中插入一个层，默认名为"layer1"，如图 5-38 右图所示。

图 5-38　在单元格中插入层

（4）单击层边框上任意处选择层，在"属性"面板"宽"和"高"文本框中分别输入80 和 100，然后按【Enter】键确认，如图 5-39 所示。

（5）将插入点置于层中，在其中插入一个 5 行 1 列的表格，并设置填充为 3，间距为 1，背景颜色为白色，然后按【Enter】键确认，如图 5-40 所示。

图 5-39　设置层大小　　　　　　　　　　图 5-40　插入表格并设置属性

> **知识库**
>
> 在使用层布局网页时，可以单击"布局"插入栏中的"绘制层"按钮，然后在文档编辑窗口中单击并拖动鼠标创建层。
>
> 由于此处需要固定层的位置，所以只能使用"插入"菜单来插入层。

（6）拖动鼠标选中所有单元格，在"属性"面板上设置单元格背景颜色为"#B5001B"（红色），如图 5-41 所示。

（7）在各个单元格中分别输入文字，并设置它们的颜色为白色，居中对齐，如图 5-42 所示。

图 5-41　设置单元格背景颜色　　　　　图 5-42　输入文本并设置颜色

（8）单击"body"标签选中整个文档。打开"行为"面板，单击"添加行为"按钮，在弹出的菜单中选择"显示-隐藏层"，如图 5-43 所示。

（9）打开"显示-隐藏层"对话框，选中"层'Layer1'"，首先单击"隐藏"按钮，然后单击"确定"按钮关闭对话框，如图 5-44 所示。

图 5-43　添加行为　　　　　　　图 5-44　设置"显示-隐藏层"对话框

（10）在"事件"下拉列表中选择"onload"，表示在页面加载完毕后执行该动作，如图 5-45 所示。

（11）选中导航条所在图片，在"公司概览"所在位置绘制一个矩形热点，如图 5-46 所示。

图 5-45　设置事件　　　　　　　　　　　　　图 5-46　绘制矩形热点

（12）单击"添加行为"按钮 +.，在弹出的菜单中选择"显示-隐藏层"，打开"显示-隐藏层"对话框，选中"层'Layer1'"后，单击"显示"按钮，最后单击"确定"按钮确认操作，如图 5-47 所示。

（13）在"事件"下拉列表中选择"onMouseOver"，表示鼠标滑过时显示层，如图 5-48 所示。

图 5-47　设置"显示-隐藏层"对话框　　　　　　图 5-48　设置事件

（14）再次添加"显示-隐藏层"行为，这次在选中"层'Layer1'"后，单击"隐藏"按钮，最后单击"确定"按钮，如图 5-49 所示。

（15）在"事件"下拉列表中选择"onMouseOut"，表示鼠标离开时隐藏层，如图 5-50 所示。

图 5-49　添加"显示-隐藏层"行为　　　　　　图 5-50　设置事件

（16）选中层，参照给热点添加行为的方法给层添加同样的行为，如图 5-51 所示。

（17）拖动鼠标选中层所在行的所有单元格，在"属性"面板上"高"文本框中输入"2"，设置所有单元格的高为"2"，如图 5-52 所示。

（18）保存文件后按【F12】键预览，默认不显示下拉菜单；当将光标放在"公司概览"

上时显示下拉菜单，如图 5-53 所示。

图 5-51　给层添加行为　　　　　　　　　　　图 5-52　设置单元格高

图 5-53　预览网页

课堂练习 4　应用"设置状态栏文本"行为

如果为自己的网页设置一些比较有个性的状态栏文本，那一定很吸引人，下面我们就来给 pegiun 网页设置状态栏文本。

（1）首先打开本书附赠素材"\素材与实例\pegiun"站点中的"index_b.html"文档。

（2）单击"<body>"标签选中整个文档，打开"行为"面板，单击"添加行为"按钮，在弹出的菜单中选择"设置文本">"设置状态栏文本"菜单，如图 5-54 所示。

（3）打开"设置状态栏文本"对话框，在"消息"文本框中输入要在状态栏中显示的文本，然后单击"确定"按钮，如图 5-55 所示。

图 5-54　添加行为　　　　　　　　　图 5-55　"设置状态栏文本"对话框

（4）在"事件"下拉列表中选择"onload"，表示网页下载完毕后即显示状态栏文本，如图 5-56 所示。

（5）保存文件后按【F12】键预览，可以看到状态栏中的文本，如图 5-57 所示。

图 5-56　设置事件　　　　　　　　　　　图 5-57　预览网页

课堂练习5　制作弹出式窗口

使用"打开浏览器窗口"行为可以实现在打开网页时弹出新窗口的功能，许多站点都使用这种方式来弹出重要的通知、广告信息等页面，下面来看具体操作。

（1）单击编辑窗口下方状态栏中的"body"标签，选中整个文档。打开"行为"面板，单击"添加行为"按钮 **+**，在弹出的行为列表中选择"打开浏览器窗口"，如图 5-58 所示。

（2）在"打开浏览器窗口"对话框中输入或选择想要显示的网页，并为窗口设置合适的尺寸、属性和名称，然后单击"确定"按钮，如图 5-59 所示。

图 5-58　选择行为　　　　　　　　　　　图 5-59　设置窗口参数

（3）按【F12】键，保存并在 IE 浏览器中预览该文档，系统会首先弹出如图 5-60 所示的新窗口。

5.2.3　安装插件

除 Dreamweaver 内置的行为外，读者还可以到 macromedia 或其他网站去下载并安装第三方行为，下面显示了第三方行为的安装过程。

图 5-60　加载网页时打开的新窗口

（1）首先打开安装文件所在文件夹，然后双击该安装文件（此处用到的安装文件位于本书附赠素材"\素材与实例\插件"文件夹中），如图 5-61 左图所示。

（2）打开"Macromedia 扩展管理器"，并显示"扩展功能免责声明"，单击"接受"按钮，如图 5-61 右图所示。

图 5-61　双击安装文件后打开"Macromedia 扩展管理器"

（3）显示"功能扩展已成功安装"，并提示需重新启动 Dreamweaver 8，单击"确定"按钮，如图 5-62 左图所示。

（4）打开"Macromedia 扩展管理器"，并显示已安装的插件，如图 5-62 右图所示。

图 5-62　成功安装插件

安装插件后，该插件会自动显示在 Dreamweaver 中，单击"行为"面板中的"添加行为"

按钮 ·., 可像使用内置的行为一样使用安装的插件。

课后总结

本章主要介绍了超链接和行为的应用。超链接在网页设计中是非常重要的内容,如果整个站点中的链接很系统、很有条理,就可以最大限度地降低浏览者在浏览网站时遇到的困难;对于行为,我们并不提倡在网页中加入过多的行为,因为行为会增加网页的设计难度和浏览器解释行为的时间,大家在使用行为时一定要注意确保合理和恰当,这样才能达到良好的效果。

思考与练习

一、填空题

1. 常规超链接包括＿＿＿＿超链接和＿＿＿＿超链接,内部超链接是指目标文件位于站点内部的链接;外部超链接可实现网站与网站之间的跳转,也就是从本网站跳转到其他网站。

2. 有些网站上留有电子邮件地址,单击该地址可打开"Outlook Express"的"新邮件"窗口,这是一种特殊类型的链接,又叫＿＿＿＿＿＿链接。

3. 使用＿＿＿＿工具可以将一张图片划分成多个区域,并为这些区域分别设置链接。

4. 每个行为都由两部分组成,即＿＿＿＿＿＿和＿＿＿＿＿。

5. 所谓＿＿＿＿＿＿是指"发生什么",如鼠标移到对象上方、离开对象或双击对象等都可看做事件。而＿＿＿＿＿＿是指"去做什么",如打开浏览器窗口、播放声音或弹出信息等。

6. 一般对＿＿＿＿＿＿是不能应用行为的,如果要对其应用行为,首先需要为其设置一个空链接。

7. 除了 Dreamweaver 内置的行为外,读者还可以到 macromedia 或其他网站上去下载并安装＿＿＿＿＿＿＿＿＿＿。

二、简答题

1. 请简述内部超链接的几种设置方法。

2. 请简述图片链接和下载链接的设置方法。

三、操作题

应用 5.2.3 节中安装的第三方行为制作跟随网页移动的广告。

提示:

(1)首先打开本书附赠素材"\素材与实例\adv"站点中的"index.html"文档。

(2)单击"布局"插入栏中的"绘制层"按钮,在下方框架的右上方单击并向左下方拖动鼠标,绘制一个图层,默认名为"layer5"。在图层内插入"adv"站点中"images"文件夹下的"266.jpg"图像,如图 5-63 所示。

(3)单击状态栏中的"body"标签,选中整个文档。打开"行为"面板,单击"行为"面板中的"添加行为"按钮 ·., 在弹出的下拉菜单中选择前面安装的第三方行为

"Ribberszeewolde" > "Persistent Layers"。

（4）打开"Persistent Layers"对话框，在"Select Layer"下拉列表中选择一个图层（此处为 Layer5），在"The Layer Should"下选择第 2 项，设置图层距浏览器右侧距离（Right）为 0px，距顶部距离（Top）为 50px，然后单击"确定"按钮，如图 5-64 所示。

图 5-63　创建图层并插入图片　　　图 5-64　设置"Persistent Layers"对话框

（5）将行为对应的事件改为"onLoad"，保存文档并按【F12】键预览，向下拖动滚动条，可以看到图层始终处在原来的位置。

第6章 应用样式表

样式表可以弥补 HTML 的缺点，应用它可以调整文字间距和行间距，删除链接下划线，设置列表样式，设置图像阴影和透明度等。本章将介绍样式表的基本概念和样式表在网页文档中的应用。

本章要点

6.1 认识样式表

样式表也叫 CSS（Cascading Style Sheet），它是一个非常灵活的工具。使用样式表不必再把繁杂的样式定义编写在文档结构中，可以将所有有关文档的样式保存在一个文件中，当需要给大量的网页定义同样的样式时，只要将保存样式的文件链接到网页即可。

6.1.1 熟悉"CSS 样式"面板

在 Dreamweaver 8 中，我们可以借助"CSS 样式"面板来新建、删除、编辑和应用样式，以及附加外部样式表等。另外，利用 Dreamweaver 8 新增的功能，可以非常直观地查看当前所选对象应用的样式和整个文档中的所有样式，也可以直接在"CSS 样式"面板中快速更改样式的属性，如图 6-1 所示。

图 6-1 "CSS 样式"面板的"全部"选项卡

由图 6-1 可以看出，"CSS 样式"面板的"全部"选项卡包含了两个窗格。其中，上面的"所有规则"窗格显示了当前文档中定义的样式和附加到当前文档的样式表文件中定义的所有样式。使用"属性"窗格可以快速编辑"所有规则"窗格中所选 CSS 样式的属性。

通过单击面板左下角的 3 个按钮，可控制属性的显示方式，其中，"类别"视图表示按类别分组显示属性（如"字体"、"背景"、"区块"、"边框"等），并且已设置的属性位于每个类别的顶部；"列表"视图表示按字母顺序显示属性，并且已设置的属性排在顶部；单击 按钮可只显示已设置的属性。此外，在类别视图和列表视图模式下，已设置的属性将以蓝色显示。要修改属性，可直接单击选择属性，然后进行修改即可。

打开"正在"选项卡，"CSS 样式"面板显示了三个窗格（参见图 6-2），上面是当前所选内容的 CSS 属性摘要，中间显示了所选属性位于哪个样式中，下面显示了 CSS 样式属性。

6.1.2　CSS 样式的存在方式

CSS 样式以两种方式存在于网页中，下面分别介绍。

图 6-2　"CSS 样式"面板的"正在"选项卡

- 外部 CSS 样式表：为增强 CSS 样式的通用性，我们可以创建扩展名为.css 的样式表文件。利用"CSS 样式"面板可将该文件链接到站点中的一个或多个网页中，从而使用户可以直接应用其中定义的样式。

- 内部（或嵌入式）CSS 样式表：是一系列包含在 HTML 文档 head 部分 style 标签内的 CSS 样式，如图 6-3 所示。

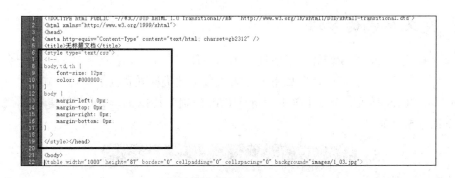

图 6-3　内嵌 CSS 样式表

与 HTML 文件一样，CSS 样式表文件也是一个文本文件，用户既可以直接使用 Dreamweaver 8 来创建它，也可以使用"记事本"等文本编辑器来编写。

在制作网站时，用户大都会将常用的样式保存在样式表文件中，而将个别对象用到的样式嵌套在相应的网页文档中，从而省去很多重复性工作，大大提高了网站的制作和维护效率。

6.2 定义样式表

6.2.1 CSS 样式的分类

根据应用对象的不同，CSS 样式被分成了以下三类。

（1）类样式

类样式又称自定义样式，它是唯一可应用于文档中任何对象的 CSS 样式类型，主要用于定义一些特殊的样式。例如，可为网页中的列表项定义样式，如图 6-4 所示。

（2）标签样式

用来重定义 HTML 标签的格式。例如，创建 h1 标签样式后，所有用 h1 标签设置了格式的文本都将自动更新。又如，一旦定义了 body 样式，则网页背景将自动按照定义的 body 样式更新。

（3）选择器样式

选择器样式又称高级样式，它主要用来定义链接文本的样式，也可用来重定义特定标签组合的样式。例如，每

图 6-4 类样式

当 h2 标题出现在表格单元格内时都会生成 td h2 标签组合。因此，如果我们定义了 td h2 标签组合样式，则它将影响文档中的全部 td h2 标签组合。

选择器样式还可重定义包含特定 id 属性的所有标签的格式。例如，#myStyle 样式将应用于所有包含属性 id="myStyle"的标签。

6.2.2 定义样式的步骤

对于类样式而言，当我们修改了所选文本的字体、大小、颜色等属性后，系统会自动创建相应的样式。此外，也可以按照如下方法来直接创建类样式和其他两种样式。

（1）在"CSS 样式"面板中单击"新建 CSS 规则"按钮，打开"新建 CSS 规则"对话框，如图 6-5 所示。

图 6-5 "新建 CSS 规则"对话框

（2）在"选择器类型"区选择要创建的 CSS 类型，其中：

📖 要创建可作为 class 属性应用于任何对象的样式，请选择"类（可应用于任何标签）（C）"，然后在"名称"文本框中输入样式名称。

类名称必须以句点开头，并且可以包含任何字母和数字组合（例如，.myhead1）。如果没有输入开头的句点，Dreamweaver 将自动输入。

- 要重定义特定 HTML 标签的默认格式（即创建 HTML 标签样式），请选择"标签（重新定义特定标签的外观）（T）"，然后在"标签"下拉列表中选择一个标签，如图 6-6 所示。

- 要为某个标签组合或所有包含特定 id 属性的标签定义格式，请选择"高级（ID、伪类选择器等）（A）"，然后在"选择器"文本框中输入一个或多个 HTML 标签，或在"选择器"下拉列表中选择一个标签（包括 a:active、a:hover、a:link 和 a:visited），如图 6-7 所示。

图 6-6　选择标签

图 6-7　选择"选择器"类别

"选择器"下拉列表中一共有 4 个选项，"a:link"表示正常状态下链接文本的样式；"a:visited"表示访问过的链接样式；"a:hover"表示鼠标放在链接文本上方时的样式；"a:active"表示在链接文本上按下鼠标时的样式。

（3）指定保存样式的位置。其中：要创建外部样式表，请选择"新建样式表文件"；要将新建样式保存在当前站点中的现有样式表文件中，可以打开"定义在"下拉列表，然后选择样式表文件；要在当前文档中嵌入样式，请选择"仅对该文档"单选钮。

（4）单击"确定"按钮。如果在步骤 3 中选择了"新建样式表文件"选项，系统将首先打开图 6-8 所示的"保存样式表文件为"对话框，用户可利用该对话框设置样式表文件名称和保存位置。单击"保存"按钮，系统将打开图 6-9 所示的"CSS 规则定义"对话框。否则，如果在步骤 3 中选择了"仅对该文档"选项，则系统将直接打开图 6-9 所示"CSS 规则定义"对话框。

在 CSS 样式表的"分类"列表中选择不同分类，可设置样式的不同属性。下面我们将结合 CSS 样式的主要用途，简要介绍一下 CSS 样式的主要属性。

（1）类型属性

用来定义字体、大小、粗细、样式、行高、大小写、颜色等，主要针对网页中的文本。

（2）背景属性

用来定义背景属性，可以对网页中的任何元素应用背景属性，还可以设置背景图像的位置，如图 6-10 所示。

图 6-8 "保存样式表文件为"对话框   图 6-9 "body 的 CSS 规则定义"对话框

图 6-10 背景属性

其中部分选项的意义如下：

  📖 重复（background-repeat）：确定是否以及如何重复背景图像。"不重复"表示在元素开始处显示一次图像；"重复"表示在元素的后面水平和垂直平铺图像；"横向重复"和"纵向重复"分别表示背景图像在水平方向和垂直方向上平铺图像。

  📖 附件（background-attachment）：确定背景图像是固定在它的原始位置还是随内容一起滚动。

  📖 水平位置和垂直位置（background-position）：指定背景图像相对于元素的初始位置。可以使背景图像与页面中心垂直和水平对齐。如果附件属性为"固定"，则位置相对于"文档"窗口而不是元素。

（3）区块属性

这类属性用来定义文字的排列格式，包括单词间距、字母间距、垂直对齐方式、文本对齐方式、首行文字缩进和空格的处理方式等。

（4）方框属性

用来定义元素在页面上的放置方式，如元素的高度和宽度，元素内容与边框之间的间距，以及元素边框与另一元素之间的间距等。

（5）边框属性

用来定义元素周围边框，如边框宽度、边框颜色和样式等。可以利用该属性定义特殊边线的表格。

（6）列表属性

用来定义列表样式，如项目符号类型（可选择系统内置项目符号或将某个图像作为项目符号），项目文字位置（文字换行后是否缩进）等。

（7）定位属性

用于设置"层"定位属性，一般不会用到。

（8）扩展属性

对样式所控制的对象应用特殊效果，比如可以为图片设置阴影或不透明度等。

课堂练习1 为"火百合"网页中的表格定义边线样式

在了解了定义样式的步骤后，下面通过一个实例来学习一下类样式的定义和应用方法。

（1）首先打开本书附赠素材"\素材与实例\lily"站点中的"pro_b.html"文档。

（2）如果没有打开"CSS样式"面板，选择"窗口"＞"CSS样式"菜单，打开"CSS样式"面板，如图6-11左图所示。

（3）单击"新建CSS样式"按钮⁺，打开"新建CSS规则"对话框，在"选择器类型"区选择"类（可应用于任何标签）"，在"名称"编辑框中输入类名（此处为"tb"），在"定义在"区域选择"仅对该文档"，然后单击"确定"按钮，如图6-11右图所示。

图6-11 打开"新建CSS规则"对话框

提示
在"定义在"区域选择"仅对该文档"，表示将定义的"类"样式嵌入到网页文档中。

（4）打开".tb的CSS规则定义"对话框，在"分类"列表中选择"边框"，如图6-12左图所示。

（5）取消选择"样式"列表区的"全部相同"复选框，在"下"下拉列表中选择"虚线"；取消选择"宽度"列表区的"全部相同"复选框，在"下"编辑框中输入"1"，则后面的单位自动变为"像素"；取消选择"颜色"列表区的"全部相同"复选框，设置"下"边框颜色值为"#85408C"，如图6-12右图所示。

（6）单击"确定"按钮，样式面板中出现名为".tb"的样式，如图6-13所示。

（7）在文档编辑窗口中单击要应用样式的表格，在"属性"面板上"类"下拉列表中选择刚定义的样式"tb"，如图6-14所示。

图 6-12 设置"边框"样式

图 6-13 定义样式　　　　　　　　图 6-14 应用样式

（8）采用同样的方法对其他表格应用样式，最后保存文件并按【F12】键预览，效果如图 6-15 所示。

图 6-15 预览网页

课堂练习2 为"火百合"网页定义"body"样式

在样式类型中，最常用的就是标签样式，本节通过为"火百合"网页定义"body"样式，来看看标签样式的定义和应用。

（1）继续在上面的文档中操作，首先单击"新建 CSS 样式"按钮，打开"新建 CSS 规则"对话框。

（2）在"选择器类型"区选择"标签（重新定义特定标签的外观）"，在"标签"下拉列表中选择"body"，在"定义在"区域选择"新建样式表文件"，如图 6-16 所示。

（3）单击"确定"按钮，打开"保存样式表文件为"对话框，在"保存在"下拉列表中选择保存样式表的文件夹（此处为网站根文件下的"sytle"文件夹），在"文件名"文本框中输入样式文件名（此处为"s2"），然后单击"保存"按钮，如图6-17所示。

图6-16 设置"新建CSS规则"对话框　　　　　图6-17 保存样式文件

（4）打开"body的CSS规则定义"对话框，在"大小"下拉列表中选择"12"，则后面的单位自动变为"像素"，在"行高"编辑框中输入"20"，单击"颜色"后的■按钮，设置文本颜色为黑色，如图6-18左图所示。

（5）在"分类"列表中选择"方框"，然后在"边界"区域"上"编辑框中输入"0"，设置所有边界为0，最后单击"确定"按钮，如图6-18右图所示。

图6-18 设置"类型"和"方框"属性

（6）在文档标签栏中出现打开的样式文件"s2.css"，同时样式面板中也出现刚定义的样式，如图6-19所示。

图6-19 定义好的标签样式

（7）分别保存网页文档和样式文件 "s2.css"，然后按【F12】键预览文档，可以看到应用了样式的文档，如图 6-20 所示。

图 6-20　预览文档

课堂练习3　为 "火百合" 网页定义链接样式

"链接" 是网站中不可缺少的组成元素，本节通过为 "pro_b.html" 网页中的链接文本定义样式，来看看高级样式的设置方法。

（1）继续在上面的文档中操作。单击 "CSS 样式" 面板下方的 "新建 CSS 样式" 按钮，打开 "新建 CSS 规则" 对话框。

（2）在 "选择器类型" 列表区选择 "高级（ID、伪类选择器等）"，在 "选择器" 下拉列表中选择 "a:link"，在 "定义在" 区选择前面创建的样式文件 "s2.css"，然后单击 "确定" 按钮，如图 6-21 左图所示。

 知识库
在 "定义在" 区域选择 "s2.css"，表示此次定义的样式与前面创建的标签样式保存在同一个样式表文件 "s2.css" 中。

（3）打开 "a:link 的 CSS 规则定义" 对话框，在 "修饰" 区选中 "无" 复选框，设置 "颜色" 为黑色，然后单击 "确定" 按钮，如图 6-21 右图所示。

图 6-21　设置 "a:link" 的样式

（4）可以看到"CSS 样式"面板中生成了"a:link"样式，网页中的链接文本自动变成了刚才设置的样式，并且在文档编辑窗口中自动打开了样式文件"s2.css"，如图 6-22 所示。

图 6-22 创建了"a:link"样式

（5）再次单击"新建 CSS 样式"按钮，打开"新建 CSS 规则"对话框，在"选择器"下拉列表中选择"a:visited"，其他同上，单击"确定"按钮，如图 6-23 左图所示。

（6）在打开的"a:visited 的 CSS 规则定义"对话框中，设置颜色为"#70119F"（紫色），其他同上，最后单击"确定"按钮，如图 6-23 右图所示。

图 6-23 设置"a:visited"样式

（7）接下来需要设置"a:hover"样式，即鼠标经过链接文本时的样式。按照前面讲的方法打开"a:hover 的 CSS 规则定义"对话框，在"修饰"列表区勾选"下划线"复选框，设置颜色为"#70119F"（紫色），最后单击"确定"按钮，如图 6-24 所示。

（8）最后保存样式文件，并按【F12】键预览网页，将光标置于链接文本上方时，效果如图 6-25 所示。

细心的读者可能会发现，上面定义样式时并没有设置文本大小；这是因为前面在定义"body"样式时已经设置了文本大小，这里没必要再做重复工作。

图 6-24 设置 "a: hover" 样式　　　　　　　　图 6-25 预览网页

6.2.3 链接外部样式

我们在"课堂练习 2"中曾创建了一个名为"s2.css"的样式文件，下面来看看如何将其链接到网站中的其他页面。

（1）打开本书附赠素材"\素材与实例\lily"站点中的"pro1_b.html"文档。然后选择"窗口">"CSS 样式"菜单，打开"CSS 样式"面板，如图 6-26 所示。

（2）单击"CSS 样式"面板下方的"附加样式表"按钮，打开"链接外部样式表"对话框，单击"浏览"按钮，如图 6-27 所示。

图 6-26 打开文档和"CSS 样式"面板　　　图 6-27 打开"链接外部样式表"对话框

（3）打开"选择样式表文件"对话框，在"查找范围"下拉列表中选择样式文件所在文件夹（此处为"lily"站点下的"style"文件夹），在文件列表中单击样式文件"s2"，然后单击"确定"按钮，如图 6-28 所示。

（4）回到"链接外部样式表"对话框，在"添加为"列表区选择"链接"单选钮，然后单击"确定"按钮，如图 6-29 所示。

提示

　　　　　选择"链接"单选钮可在网页文档和样式表文件之间建立关联，以后修改样式表文件时，所有与之链接的网页外观都会自动更新。

图6-28 选择样式表文件　　　　　　　　图6-29 设置"添加为"为"链接"

（5）在"CSS 样式"面板中可看到刚才链接的样式。切换到代码视图，可看到链接样式的代码，如图6-30所示。

图6-30 链接样式出现在"CSS 样式"面板中

（6）保存文件并按【F12】键预览网页，可以看到网页中的文本自动套用了"s2.css"中的样式，如图6-31所示。

图6-31 预览网页

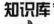

知识库

通过创建通用性较强的样式表文件，并将其用于多个网页，可大大节省网页制作时间，并能批量、快速更新网页外观。

6.3 样式表的高级应用

前面介绍的是样式表的基本应用，是每个网页中都不可缺少的样式形式。下面介绍网页中不常用到，但又非常重要的样式。

6.3.1 在同一个网页中设置两种链接样式

有时候可能会遇到这种情况，你制作了一个网页，其中有很多链接文本，你想用不同的链接样式来区分这些链接文本，也就是设置两个不同样式的链接。那么如何设置呢？下面通过给 LZG 站点中的 "index_a.html" 网页添加一个链接样式来讲解此类样式的设置方法。

（1）首先打开本书附赠素材 "\素材与实例\LZG" 站点中的 "index_a.html" 文档。单击 "CSS 样式" 面板下方的 "新建 CSS 样式" 按钮，打开 "新建 CSS 规则" 对话框。

（2）在 "选择器类型" 区选择 "高级" 单选钮，在 "选择器" 下拉列表中选择 "a:link"，并在其前输入 ".w"，在 "定义在" 区选择 "仅对该文档" 单选钮，然后单击 "确定" 按钮，如图 6-32 所示。

（3）打开 ".wa:link 的 CSS 规则定义" 对话框，在 "修饰" 区选择 "无" 复选框，设置 "颜色" 为 "#FF0000"（红色），然后单击 "确定" 按钮，如图 6-33 所示。

图 6-32　设置 "新建 CSS 规则" 对话框　　图 6-33　设置 ".wa:link 的 CSS 规则定义" 对话框

（4）切换到 "拆分" 视图，可看到生成的样式代码，如图 6-34 所示。

（5）按照同样的方法，打开并设置 ".wa:visited 的 CSS 规则定义" 对话框，如图 6-35 所示。

图 6-34　生成样式　　图 6-35　设置 ".wa:visited 的 CSS 规则定义" 对话框

（6）打开并设置 ".wa:hover 的 CSS 规则定义" 对话框，如图 6-36 所示。

（7）选中要应用 "wa" 样式的链接文本，在 "属性" 面板上 "样式" 下拉列表中选择

"wa"，如图 6-37 所示。

图 6-36　设置".wa:hover 的 CSS 规则定义"对话框

图 6-37　应用样式

（8）采用同样的方法设置其他链接文本，最后保存文件并按【F12】键预览，可看到应用了"wa"样式的链接文本，如图 6-38 所示。

图 6-38　预览网页

提示　其实这就相当于创建了一个特殊的类样式，可采用此类方式创建更多种类的链接样式。

课堂练习 4　为"火百合"网页设置列表样式

所谓列表样式，就是为网页中的列表文本设置的样式。本节通过为"火百合"网页左侧的链接文本设置列表样式，来看一下此类样式的设置方法。

（1）打开本书附赠素材"素材与实例\lily"站点中已经创建"s2.css"样式的文档"pro_b.html"，单击"CSS 样式"面板下方的"新建 CSS 样式"按钮，打开"新建 CSS 规则"对话框。

（2）在"选择器类型"区选择"类"，在"名称"文本框中输入"list1"，在"定义在"区选择已经创建的样式文件"s2.css"，然后单击"确定"按钮，如图 6-39 左图所示。

（3）打开".list1 的 CSS 规则定义"对话框，在"分类"列表中选择"列表"选项，然后单击"项目符号图像"编辑框后的"浏览"按钮，如图 6-39 右图所示。

图 6-39　打开".list1 的 CSS 规则定义"对话框

（4）打开"选择图像源文件"对话框，在"查找范围"下拉列表中选择图像文件所在文件夹，在文件列表中选择图像文件，然后单击"确定"按钮，如图 6-40 所示。

（5）回到".list1 的 CSS 规则定义"对话框，在"位置"下拉列表中选择"外"，然后单击"确定"按钮，如图 6-41 所示。

图 6-40　选择"项目符号图像"　　　　　图 6-41　设置项目符号位置

 知识库

　　　　在"位置"下拉列表中选择"外"，表示项目文字换行时不缩进；如果选择"内"，表示项目文字换行时缩进，读者可以试试两种效果的区别。

（6）在文档编辑窗口中自动打开"s2.css"文件，分别保存"pro_b.html"和"s2.css"文件。

（7）切换到"pro_b.html"文档，拖动鼠标选中要应用类样式的文本，在"属性"面板"样式"下拉列表中选择"list1"，如图 6-42 所示。

（8）保存网页文件后，按【F12】键预览，效果如图 6-43 所示。

图 6-42 应用列表样式

图 6-43 预览网页

课堂练习5 为"火百合"网页中的图片设置阴影

很多人都知道 Photoshop 拥有强大的滤镜功能，但很少有人知道 Dreamweaver 中的 CSS 滤镜。应用 CSS 滤镜可设置渐变、透明、阴影等效果。本例使用 CSS 滤镜中的"Shadow"属性来给图像添加阴影。

（1）继续在"lily"站点中的"pro_b.html"文档中操作，打开"新建 CSS 规则"对话框。

（2）在"选择器类型"区选择"类"，在名称编辑框中输入"image"，在"定义在"区选择"仅对该文档"，然后单击"确定"按钮，如图 6-44 所示。

（3）打开".image 的 CSS 规则定义"对话框，在左侧的"分类"列表中选择"扩展"，并在"滤镜"下拉列表中选择"Shadow(Color=?, Direction=?)"，如图 6-45 所示。

图 6-44 设置"新建 CSS 规则"对话框 　　图 6-45 设置"滤镜"类型

（4）设置"Color=bbbbbb"，表示阴影的颜色为浅灰色；"Direction=135"，表示阴影倾斜的角度为 135 度，最后单击"确定"按钮，如图 6-46 所示。

（5）在"CSS 样式"面板中可看到生成名为"image"的样式。单击要应用该样式的图片，状态栏中显示标签的层次结构，单击"image"前面的"td"标签，选中图片所在单元格，并在"样式"下拉列表中选择"image"，如图 6-47 所示。

Dreamweaver 网页制作简明教程

图 6-46　设置阴影颜色和倾斜角度　　　　　　　　图 6-47　设置单元格样式

（6）在"属性"面板的"高"文本框中输入"155"，"垂直"下拉列表中选择"顶端"，如图 6-48 所示。

（7）采用同样的方法对其他图片应用 image 样式，并设置"高"和"垂直"选项，最后保存文件并预览，可看到在应用了样式的图片右下方出现阴影，如图 6-49 所示。

图 6-48　设置单元格高和垂直选项　　　　　　　　图 6-49　预览网页

　　　　重新设置单元格的"高"和"垂直"选项，是为使图片下方的阴影完全显示出来。

课后总结

本章主要介绍了样式表的应用。样式表的功能非常强大，本章只是起到一个入门的作用，具体介绍了常见样式的设置和应用方法，有兴趣的读者可以找专门的书籍进一步学习。

思考与练习

一、填空题

1. 样式表也叫＿＿＿＿＿＿＿（Cascading Style Sheet），它是一个非常灵活的工具。

2. 在 Dreamweaver 8 中，我们可以借助＿＿＿＿＿＿＿面板来新建、删除、编辑和应用样式，以及附加外部样式表等。

3. CSS 样式以＿＿＿＿＿CSS 样式表和＿＿＿＿＿CSS 样式表两种方式存在于网页中。

4. ＿＿样式又称自定义样式，它是唯一可以应用于文档中任何文本的 CSS 样式类型，主要用于定义一些特殊的样式。

5. ＿＿＿＿＿＿样式用来重定义 HTML 标签的格式。

6. ＿＿＿＿＿＿样式又称高级样式，它主要用来定义链接文本的样式，也可用来重定义特定标签组合的格式。

二、简答题

根据应用对象的不同，可以把 CSS 样式分为哪几类？分别叙述其特点。

三、操作题

为"LZG"网站中的"product_a.html"定义样式。

提示：

（1）首先打开本书附赠素材"\素材与实例\LZG"站点中的"product_a.html"文档。

（2）单击"CSS 样式"面板下方的"新建 CSS 样式"按钮，打开"新建 CSS 规则"对话框，在"选择器类型"区选择"标签（重新定义特点标签的外观）"，在"标签"下拉列表中选择"body"，在"定义在"区选择"仅对该文档"，然后单击"确定"按钮，如图 6-50所示。

（3）打开"body 的 CSS 规则定义"对话框，在"大小"下拉列表中选择"12"，"行高"为"20"，"颜色"为"#4A4A4A"（深灰色），"修饰"为"无"，如图 6-51 所示。

图 6-50　"新建 CSS 规则"对话框　　　　图 6-51　设置"类型"属性

（4）在"分类"列表中单击"方框"选项，设置所有"边界"值为"0"，然后单击"确定"按钮，如图 6-52 所示。

（5）再次打开"新建 CSS 规则"对话框，在"选择器类型"区选择"类"，在"名称"编辑框中输入"b1"，在"定义在"区选择"仅对该文档"，然后单击"确定"按钮，如图 6-53所示。

图 6-52 设置"边界"值　　　　　　图 6-53 "新建 CSS 规则"对话框

（6）打开".b1 的 CSS 规则定义"对话框，在"粗细"下拉列表中选择"粗体"，然后单击"确定"按钮，如图 6-54 所示。

（7）选中要应用样式的文本，在"属性"面板上"样式"下拉列表中选择"b1"，如图 6-55 所示。

图 6-54 设置"b1"样式　　　　　　　图 6-55 应用样式

（8）在"属性"面板上设置属性后，样式面板中会自动生成样式。比如，先选中要应用样式的文本，然后设置颜色为红色，则自动生成"STYLE1"样式，如图 6-56 所示。

（9）由于网站中已经定义好了样式表文件，单击"附加样式表"按钮 ，将打开"链接外部样式表"对话框，单击对话框中的"浏览"按钮，打开"选择样式表文件"对话框，选择要链接的样式文件，然后单击"确定"按钮，如图 6-57 所示。

图 6-56 自动生成样式　　　　　　　　图 6-57 选择样式表文件

（10）回到"链接外部样式表"对话框，单击"确定"按钮，样式定义完成，如图 6-58 所示。

图 6-58 设置"链接外部样式表"对话框

（11）保存文件后，按【F12】键预览，效果如图 6-59 所示。

图 6-59 预览网页

第7章 应用动画和多媒体元素

通过前面的学习，相信大家已经能够制作出简单的网页；不过细心的读者可能已经发现，前面所讲的网页中只有一些静态的图片和文字，显得过于单调。本章主要介绍如何为网页添加动画和多媒体元素，以让我们的网页更加丰富多彩。

本章要点

7.1 应用 Flash 动画

Flash 动画是目前最为流行的矢量动画，它具有文件尺寸小、变化丰富的优点，因而很多网页中都用到了它。

7.1.1 插入 Flash 动画

与插入图像的方法类似，在网页中插入 Flash 动画的方法也非常简单。确定插入点后，单击"常用"插入栏中的"媒体：Flash"按钮●，在弹出的"选择文件"对话框中选择一个扩展名为".swf"的 Flash 动画，单击"确定"按钮，Flash 动画就被插入到了网页中，如图 7-1 所示。

图 7-1 插入 flash 动画

知识库 默认情况下，在设计视图中只能看到 Flash 动画的占位符（占位符的大小代表了 Flash 动画的实际大小）。如要观看播放效果，可在选中占位符后，单击"属性"面板中的"播放"按钮。

单击选中网页中的 Flash 动画后，就可以在"属性"面板中对该动画的各项属性进行修改，如图 7-2 所示。

图 7-2　Flash 动画的"属性"面板

其中，部分常用设置项的意义如下：

📖 循环：选中该选项时 Flash 动画将连续播放。如果没有选中该选项，则 Flash 动画在播放一次后停止播放。

📖 自动播放：如果选中该选项，则在打开页面时自动播放 Flash 动画。

📖 垂直边距和水平边距：指定 Flash 动画上、下、左、右的空白像素值。

📖 "宽"和"高"：以像素为单位指定 Flash 动画的宽度和高度。

📖 文件：指向 Flash 动画文件的路径。

📖 重设大小：将 Flash 动画恢复到实际大小。

📖 品质：设置 Flash 动画的播放品质。

📖 比例：确定 Flash 动画如何适应在其"宽"和"高"文本框中设置的尺寸。缺省为"默认（全部显示）"表示显示整个 Flash 动画；"无边框"表示使影片适合设定的尺寸，维持原始的纵横比；"严格匹配"表示对影片进行缩放以适合设定的尺寸，而不管纵横比如何。

📖 对齐：确定影片在页面上的对齐方式。

📖 背景颜色：指定 Flash 动画区域的背景颜色。在不播放 Flash 动画时（在加载时和在播放后）也显示此颜色。

📖 参数：单击按钮打开一个对话框，可在其中输入传递给 Flash 动画的附加参数。

7.1.2　应用透明 flash 动画

假如我们为网页、某个表格或某个单元格指定了一张很漂亮的背景图像，而当我们在单元格中又插入一个 Flash 动画的时候，由于 Flash 动画的背景颜色会遮盖掉背景图像，这样就看不到漂亮的背景图像了。那么如何使背景图像能够正常显示呢？答案就是设法将 Flash 动画的背景颜色改成透明，下面来看具体操作。

（1）选择"文件">"打开"菜单，打开本书附赠素材"\素材与实例\透明 flash"中的"fla.html"文档。该文档中有一个已经设置了背景图像的表格，如图 7-3 所示。

（2）将插入点置于表格中，然后单击"常用"插入栏中的"媒体：flash"按钮，在表格中插入一个名为 swf4a.swf（位于"\素材与实例\透明 flash\images"文件夹中）的 Flash 影片，如图 7-4 所示。

（3）保存文档并在 IE 浏览器中预览效果，可以发现 Flash 动画中的背景遮挡了表格的背景图像，如图 7-5 所示。

（4）回到文档设计视图。选中 Flash 动画，单击"属性"面板中的"参数"按钮，打开

"参数"对话框。

图7-3　打开文档

图7-4　插入 Flash 动画

（5）在"参数"对话框的"参数"列第一行单击，输入"wmode"，在对应的"值"列输入"transparent"，最后单击"确定"按钮，如图 7-6 所示。

图7-5　预览效果

图7-6　为 Flash 动画添加参数

（6）保存文档并在 IE 浏览器中预览，可以发现动画后面的背景图像出现了，如图 7-7 所示。这样就达到了使 Flash 动画透明，从而使背景图像正常显示的目的。

图7-7　预览效果

课堂练习 1　在"火百合"网页中插入动画

在学习了动画的应用后，下面通过一个例子来练习一下这方面的知识。

（1）打开本书附赠素材"\素材与实例\lily"站点中的"index_a.html"文档。

（2）将插入点置于第 1 行最右侧的空白单元格中，单击"常用"插入栏中的"媒体: flash"按钮，打开"选择文件"对话框。

（3）在"查找范围"下拉列表中选择动画文件所在位置，在文件列表中选择要插入的文件，之后单击"确定"按钮，如图 7-8 所示。

图 7-8 插入动画文件

（4）按【Ctrl+S】组合键保存文件，然后按【F12】键预览网页，动画效果如图 7-9 所示。

图 7-9 预览动画效果

7.1.3 插入 Flash 按钮

Flash 按钮包括两类，一类是用 Flash 软件制作的按钮；另一类是 Dreamweaver 中集成的 Flash 按钮。前者的插入方法与 Flash 影片类似，这里主要讲解后者的插入。

（1）将插入点置于要插入 Flash 按钮的位置，选择"插入" > "媒体" > "Flash 按钮"菜单，打开"插入 Flash 按钮"对话框。

（2）在该对话框的"样式"下拉列表中选择一种样式，其效果将显示在"范例"栏中，这里选择"eCommerce-Cart"。

（3）在"按钮文本"后的文本框中输入按钮上要显示的文本，如"Shopping"。

（4）在"字体"下拉列表中选择按钮上显示文本的字体，在"大小"文本框中输入文字的大小。

（5）单击"链接"文本框后的 浏览... 按钮，在弹出的对话框中选择 Flash 按钮要链接到的文档，如 fla.html。

（6）在"目标"下拉列表中选择链接文件的打开方式，这里选择"_self"。在"背景色"下拉列表中设置 Flash 按钮的背景颜色。

（7）单击"另存为"文本框后的 浏览... 按钮，在打开的"选择文件"对话框中选择按钮保存的路径，并输入文件名。

（8）单击"确定"按钮，插入 Flash 按钮，如图 7-10 所示。

图 7-10　插入 Flash 按钮

 提示

在插入 Flash 按钮时，保存按钮的路径和文件名中不能含有中文字符。

7.1.4　插入 Flash 文本

Flash 文本是 Dreamweaver 中集成的文本，插入 Flash 文本与插入 Flash 按钮类似，下面来看具体操作。

（1）将插入点置于要插入 Flash 文本的位置，选择"插入" > "媒体" > "Flash 文本"菜单，打开"插入 Flash 文本"对话框。

（2）在该对话框"字体"下拉列表中选择一种字体，这里选择"华文新魏"。

（3）在"大小"文本框中输入文本的大小。单击下面的 **B** *I* ≣ ≣ ≣ 按钮可设置文本加粗、倾斜、左对齐、居中对齐或右对齐。

（4）单击"颜色选择器"按钮 ，设置文本颜色为"#FF9900"，用同样的方法设置转滚颜色为"#CC0000"。

（5）在"文本"编辑框中输入文字。选中"显示字体"多选项，可看到前面设置的文本效果。

（6）单击"链接"文本框后的 浏览... 按钮，在打开的"选择文件"对话框中选择要链接的文件，在"目标"下拉列表中选择打开文件的方式。

（7）单击"背景色"后的"颜色选择器"按钮 ，设置背景色为"#FFFFCC"。在"另存为"文本框中输入文件保存的路径及文件名，或者单击后面的 浏览... 按钮进行选择。

（8）单击"确定"按钮，插入 Flash 文本，如图 7-11 所示。

图 7-11　插入 Flash 文本

 提示

如果不需要为 Flash 文本设置链接，则无需设置"链接"和"目标"选项。

7.2　应用音乐和视频

音乐不仅能陶冶人的情操，也能给人美的享受，如果在自己的网页中加一段美妙的音乐或视频，那一定能给人不小的震撼。

7.2.1　在网页中插入音频文件

网页中可以应用多种格式的音频文件，如 MID（乐器数字接口）格式、WAV（Waveform扩展名）格式、AIF（音频交换文件格式，即 AIFF）格式、MP3（运动图像专家组音频，即MPEG-音频层-3）格式、WMA（Windows Media Audio）格式、RA 或 RAM（Real Audio）格式等。

下面以插入 WMA 格式音频文件为例，具体讲述在网页中插入音频文件的方法。

（1）打开本书附赠素材"\素材与实例\music"文件夹中的"wma.html"文档。

（2）将插入点置于表格最下方的白色单元格中，选择"插入" > "媒体" > "插件"菜单，打开"选择文件"对话框。

（3）在"查找范围"下拉列表中选择文件所在位置（此处为"\素材与实例\music\music"文件夹），在文件列表中选择要插入的文件（此处为"ybzdgd.wma"）。

（4）单击"确定"按钮，插入音频文件，如图 7-12 所示。

图 7-12　插入音频文件

（5）选中插入的音频文件，在"属性"面板中将宽和高分别改为 280 和 45，接着将对齐方式改为"居中"，如图 7-13 所示。

（6）保存文档并在 IE 浏览器中预览该文件，在美妙的音乐传来的同时，可以看到白色单元格中出现了 Windows Media Player 播放器的控制面板，如图 7-14 所示。

图 7-13　修改插件属性

图 7-14　预览网页

知识库

如果对插件的大小要求不是很严格，可以直接拖动其右侧或下方的变形点来改变大小。

课堂练习2　为"火百合"网页设置背景音乐

通过上一节的学习，相信大家已经掌握了在网页中插入音频文件的方法。但是，很多时候需要将插入的音频文件隐藏，那么如何实现呢？下面通过为网页设置背景音乐来看看如何隐藏网页中的音频文件。

（1）首先打开本书附赠素材 "\素材与实例\lily" 站点中的 "index.html" 文档。

（2）单击选中网页右下方的图片，在"属性"面板上可看到其"宽"和"高"分别为"150"和"162"，将该值记录下来，如图 7-15 所示。

（3）按【Delete】键删除图片。在删除图片后的单元格中单击，然后在"属性"面板上

"宽"和"高"文本框中分别输入"150"和"162",设置单元格与图片等大。

(4)单击"属性"面板上"背景"文本框后的"单元格背景 URL"按钮 ，设置单元格背景为前面删除的图片"index_19.jpg",如图 7-16 所示。

图 7-15 选中图片并记下其宽和高　　　　图 7-16 设置单元格背景图片

 知识库　　可以在刚开始选中图片时按【Ctrl+C】组合键,将"源文件"文本框中的内容拷贝到剪贴板,然后将插入点置于单元格中,将剪贴板中的内容拷贝到"背景"文本框中。

(5)参照 7.2.1 节中插入音频文件的方法,在该单元格中插入站点根目录"images"文件夹中的音频文件"dream.wma",如图 7-17 所示。

(6)选中插入的音频文件,单击"属性"面板上的"参数"按钮 参数 ,打开"参数"对话框。

(7)在"参数"列输入"hidden",在对应的"值"列输入"true";单击上方的 符号添加参数,在新添加的参数列输入"loop",对应的"值"列输入"true",最后单击"确定"按钮,如图 7-18 所示。

图 7-17 插入音频文件　　　　　　图 7-18 设置参数

提示　　设置"hidden"值为"true",可以隐藏 Media Player 播放器;设置"loop"值为"true",表示循环播放背景音乐。

(8)保存文件并按【F12】键预览,Media Player 播放器被隐藏,并且可以听到美妙的背景音乐,如图 7-19 所示。

图 7-19　预览网页

7.2.2　在网页中插入视频文件

除了插入音频文件外，在 Dreamweaver 中还可以非常容易地插入视频文件、Shockwave 影片和 Applet 等其他媒体元素。下面以 "cat" 网页为例，来看看插入视频文件的具体方法。

（1）打开本书附赠素材 "\素材与实例\video" 站点中的 "cat_a.html" 文档。

（2）在 "影片介绍" 左侧的空白单元格中单击，然后选择 "插入" > "媒体" > "插件" 菜单。

（3）打开 "选择文件" 对话框，从中选择要插入的视频文件（此处为本书附赠素材 "\素材与实例\video\images" 文件夹中的 "cat.mpeg"），单击 "确定" 按钮插入视频，如图 7-20 所示。

图 7-20　插入视频文件

（4）选中视频文件，在 "属性" 面板上 "宽" 和 "高" 文本框中分别输入 320 和 240，重新设置视频文件大小，如图 7-21 所示。

（5）按【Ctrl+S】组合键保存文件，然后按【F12】键预览网页，如图 7-22 所示。

图 7-21　设置视频文件大小

图 7-22　预览网页

课后总结

本章主要介绍了在网页中应用 Flash 动画、声音和视频等多媒体文件的方法。希望大家能够了解并掌握使用这些元素的方法和技巧。只有灵活运用这些元素，才能使你的网页富有生趣，也更有生命力。

思考与练习

一、填空题

1. _____动画是目前最为流行的矢量动画，它具有文件尺寸小、变化丰富的优点，因而很多网页中都用到了它。

2. 默认情况下，在设计视图中只能看到 Flash 动画的_____，它的大小代表了 Flash 动画的实际大小。

3. Flash 按钮包括两类，一类是用_____软件制作的按钮；另一类是 Dreamweaver 中集成的 Flash 按钮。

4. 在插入 Flash 按钮时，保存按钮的路径和文件名中不能含有____字符。

5. 除了插入音频文件外，在 Dreamweaver 中还可以非常容易地插入_____文件、Shockwave 影片和 Applet 等其他媒体元素。

二、简答题

1. 在网页中可以插入哪些格式的音频文件？

2. 如何隐藏插入的音频文件？

三、操作题

任意制作一个网页，在其中插入 Flash 动画，以及音频和视频文件。

第8章 应用模板和库

在制作大型网站时，同一栏目中的很多网页都会使用相同的布局方式和页面元素，如果一页一页地去做，会浪费很多不必要的时间。为避免乏味而又繁琐的重复操作，可以使用 Dreamweaver 提供的"模板"和"库"功能，将具有相同结构的网页制作成模板，相同的页面元素（如导航栏、注册信息等）制作成库项目。

8.1 应用模板

Dreamweaver 中的模板是一种特殊类型的文档，用于设计"固定"的页面布局。用户可基于模板创建文档，从而使创建的文档继承模板的页面布局。基于模板创建的文档与模板保持链接关系（除非以后分离该文档），可以通过修改模板立即更新所有基于该模板的文档。

8.1.1 创建模板文档

创建模板文档的方法有两种，一种是新建空白模板文档，然后编辑内容；还有一种是将普通网页保存为模板。下面首先来看看如何将普通网页保存为模板。

（1）在 Dreamweaver 中打开希望作为模板的网页，选择"文件"＞"另存为模板"菜单，打开图 8-1 左图所示的"另存为模板"对话框，在"站点"下拉列表中选择要保存到的站点，在"另存为"文本框中命名模板，然后单击"保存"按钮。

（2）系统接下来将询问是否更新链接，一般情况下都应单击"是"按钮，如图 8-1 右图所示。

图 8-1 将现有网页另存为模板

默认情况下，Dreamweaver 将模板文档保存在站点根目录下的 Templates 文件夹中，使用扩展名 ".dwt"。如果 Templates 文件夹在站点中尚不存在，Dreamweaver 将在保存新建模板时自动创建该文件夹。由于模板的位置发生了变化（相对于原网页），所以模板中的链接需要相应更新。

不要将模板文件移动到 Templates 文件夹之外，或将任何非模板文件放在 Templates 文件夹中，否则会导致将来无法使用模板等一系列问题。

（3）接下来要编辑模板，模板的编辑和普通网页的编辑基本一致，可根据需要进行具体设计。

（4）选择想要设置为可编辑区域的内容，或者将插入点放在想要插入可编辑区域的位置，如图 8-2 所示。

图 8-2　选择想要设置为可编辑区域的内容

模板文档一般分为可编辑区域和不可编辑区域。模板文档中设定为可编辑区域的部分可以在基于模板的文档中像一般构成要素一样进行修改；而设定为不可编辑区域的部分，则不能在基于模板的文档中进行修改。

（5）选择 "插入" > "模板对象" > "可编辑区域" 菜单，打开 "新建可编辑区域" 对话框，在 "名称" 文本框中输入可编辑区域名称，然后单击 "确定" 按钮创建可编辑区域，如图 8-3 所示。

可以将整个表格或单独的单元格设置为可编辑区域，但不能将多个单元格设置为可编辑区域。如果选定 <td> 标签，则可编辑区域中包括单元格周围的区域；如果未选定，则可编辑区域将只影响单元格中的内容。

层和层内容是单独的元素。使层可编辑时可以更改层的位置及其内容，而使层的内容可编辑时只能更改层的内容而不能更改其位置。

图 8-3　创建可编辑区域

（6）依据类似方法，设置其他可编辑区域，最后按【Ctrl+S】组合键保存文档。

创建可编辑区域后，如果希望选择可编辑区域，有两种方法：

  📖 单击可编辑区域左上角的可编辑区域名称标签，如图 8-4 所示。

  📖 选择"修改" > "模板"菜单，然后从该子菜单底部的列表中选择可编辑区域名称。

如果已经将模板中的一个区域标记为可编辑，而现在想要再次锁定它（使其在基于模板的文档中不可编辑），可使用"删除模板标记"命令。为此，可在选中可编辑区域后，选择"修改" > "模板" > "删除模板标记"菜单。

要重新命名可编辑区域，只需单击可编辑区域左上角的可编辑区域名称标签，然后在"属性"面板的"名称"文本框中修改即可，如图 8-5 所示。

图 8-4　通过单击区域名称选择可编辑区域   图 8-5　修改可编辑区域名称

8.1.2　模板的区域类型

除了定义可编辑区域外，还可通过选择"插入" > "模板对象"菜单，在模板中定义其他几种类型的区域，如图 8-6 所示。

  📖 可选区域：如果在模板中指定了这类区域，则在基于模板的文档中可显示或隐藏该区域。要为在文档中显示内容设置条件时，可使用可选区域。

  📖 重复区域：重复区域是可以根据需要在基于模板的页面中复制任意次数的模板部分。重复区域通常用于表格，但也可以为其他页面元素定义重复区域。

8.1.3 基于模板创建文档

创建模板以后，就可以在该模板的基础上创建网页文档了，具体方法如下。

（1）选择"文件">"新建"菜单，打开"新建文档"对话框。单击选择"模板"选项卡，此时该对话框的标题文字变为"从模板新建"。

（2）在"模板用于"列表框中选择站点，在右边对应的列表框中选择要使用的模板，然后单击"创建"按钮，如图8-7所示。

图 8-6 "插入">"模板对象"菜单

图 8-7 "从模板新建"对话框

如果没有将模板保存在站点中的"Templates"文件夹中，那么就无法在这里选择模板。

（3）根据需要修改文档的可编辑区域或编辑文档，最后将文档保存即可。

若要编辑文档中来自模板的锁定区域，可首先选择"修改">"模板">"从模板中分离"菜单将文档与模板断开（这样该文档就变成了普通网页），然后进行编辑。

更改模板并保存时，系统首先打开图8-8所示的"更新模板文件"对话框，其中列出了基于该模板创建的文档列表。如果单击"更新"按钮，将打开图8-9所示的"更新页面"对话框，其中显示了页面更新情况。更新结束后，单击"关闭"按钮即可。

除上面的方法外，也可在"资源"面板中右击模板，然后从弹出的快捷菜单中选择"从模板新建"选项，来创建基于模板的文档，如图8-10所示。

图 8-8　"更新模板文件"对话框　　　　　图 8-9　"更新页面"对话框

图 8-10　"资源"面板

课堂练习1　制作"服装展示"网页模板

前面讲了将现有网页保存为模板的方法，下面以"服装展示"网页模板的创建为例，来学习新建并编辑模板文档的方法。

（1）首先在本地磁盘上创建一个名为"souyi"的文件夹，并将本书附赠素材"素材与实例/souyi"站点中的 images 文件夹、index.html 和 s1.css 文件拷贝到本地磁盘的"souyi"文件夹中。

（2）在 Dreamweaver 中新建站点"souyi"。

（3）选择"文件">"新建"菜单，打开"新建文档"对话框。在"常规"选项卡的"类别"列表中选择"模板页"，然后在"模板页"列表中选择"HTML 模板"，最后单击"创建"按钮，如图 8-11 所示。

（4）按【Ctrl+S】组合键保存模板页，弹出"另存为模板"对话框，在"站点"下拉列表中选择"souyi"，在"描述"文本框中输入描述性文字（此处为"服装展示"），在"另存为"文本框中输入模板文件名，然后单击"保存"按钮，如图 8-12 所示。

提示　　默认情况下，保存模板页时会首先弹出提示框，提示"此模板不含有任何可编辑区域。您想继续吗？"，单击"确定"按钮即可。

图 8-11 创建模板　　　　　　　　　　　图 8-12 保存模板

（5）打开 "CSS" 样式面板，单击其下方的 "附加样式表" 按钮，打开 "链接外部样式表" 对话框，单击其中的 "浏览" 按钮，如图 8-13 左图所示。

（6）在打开的 "选择样式表文件" 对话框中选择要链接到模板的样式表文件（此处为 "souyi" 站点中的 "s1.css"），然后单击 "确定" 按钮，如图 8-13 右图所示。

图 8-13 设置样式表文件

（7）回到 "链接外部样式表" 对话框，单击 "确定" 按钮，确认链接的样式；然后按照制作普通网页的方式制作模板文档，如图 8-14 所示。

图 8-14 制作模板文档

（8）单击 "最新商品" 下方的单元格分界线，选中服装展示所在的大表格，然后选择 "插入" ＞ "模板对象" ＞ "可编辑区域" 菜单。

（9）打开 "新建可编辑区域" 对话框，在 "名称" 文本框中输入可编辑区域名称（此处为 E1），然后单击"确定"按钮，如图 8-15 所示。

图 8-15 创建可编辑区域

（10）创建的可编辑区域蒙上了一层灰色透明状的薄膜，按【Ctrl+S】组合键保存文档，模板便制作完成了，如图 8-16 所示。

该实例源文件位于本书附赠素材"\素材与实例\souyi"站点中

图 8-16 模板文档创建完成

课堂练习2 利用模板制作网页

创建模板以后，就可以在模板的基础上创建新文档了，下面采用上节创建的模板来制作"雪纺上衣"网页，具体操作如下。

（1）选择"文件" > "新建"菜单，打开"新建文档"对话框。单击"模板"选项卡，在"模板用于"列表中选择"站点'souyi'"，然后在"站点'souyi'"列表中选择"dress1"，最后单击"创建"按钮，如图 8-17 所示。

（2）按【Ctrl+S】组合键保存文档，弹出"另存为"对话框，在"保存在"下拉列表中选择站点文件夹（此处为"souyi"站点），在"文件名"文本框中输入文件名（此处为"xuefang"），单击"保存"按钮保存文档，如图 8-18 所示。

（3）将可编辑区域中的文本"最新商品"删除，并重新输入文本"雪纺上衣"，如图 8-19 所示。

（4）将下方所有的商品图片和文本删除，重新插入与"雪纺上衣"相关的图片，并输入相关产品介绍的文本，一个网页便制作完成了，如图 8-20 所示。

图 8-17　基于模板创建文档

图 8-18　保存文档

图 8-19　改变文本

图 8-20　重新设置图片和文本

（5）保存文件后按【F12】键预览网页，如图 8-21 所示。

图 8-21　预览网页

8.2 应用库项目

图片、颜色、链接地址、视频、动画和模板等，都可以算是资源。Dreamweaver 8 利用"资源"面板将站点中使用的这些内容进行分类管理（参见图 8-22）。本节我们就以网页制作中最常用的库项目为例来讲解各种资源的应用。

8.2.1 什么是库项目

库项目是一种特殊类型的 Dreamweaver 文件，我们可以将当前网页中的任意页面元素定义为库项目，如图像、表格、文本、声音和 Flash 影片等。

创建库项目的好处是可以在多个页面中重复使用它们，每当更改某个库项目的内容时，所有使用了该项目的页面都将同时更新。例如，假定你正在为某公司建立一个大型站点，公司想让其广告语出现在站点的每个页面上，但是还没有最后确定广告语。如果创建一个包含该广告语的库项目并在每个页面上使用，那么当公司提供该广告语的最终版本时，你可以更改该库项目并自动更新每一个使用它的页面。

说到这里，大家可能会问，由于网页中只是保存了指向图像、动画等文件的路径，以后通过置换图像来更新网页不也一样吗？其实是不一样的。例如，如果我们将一幅广告图像创建为了库项目，则图像及其尺寸、链接、目标等属性均被包含在了库项目中。以后修改广告时，只要修改一次库项目及其属性，就可以自动更新全部使用该库项目的网页。但是，如果不将广告图像创建为库项目的话，尽管我们可以通过置换图像来更新网页，但是还必须分别在各网页为其设置链接等属性。

8.2.2 创建库项目

首先在文档窗口中选择需要保存为库项目的对象，然后选择"修改">"库">"增加对象到库"菜单，即可将所选对象添加到库中。刚刚创建的库项目名称处于可编辑状态，将默认名删除，重新输入新名称并按【Enter】键确认即可重命名库项目，如图 8-22 所示。

图 8-22 "资源"面板

知识库

> 将所选对象设置成库项目后，所选对象本身也将成为库文件。
>
> 无法在网页中对库项目进行任何编辑，包括调整其尺寸、设置链接等。

此外，也可在"资源"面板中单击"库"按钮，然后将希望保存为库项目的对象拖入"资源"面板来创建库项目。

每个库项目都被单独保存在一个文件中，文件的扩展名为".lbi"。通常情况下，库项目被放置在站点文件夹的"Library"文件夹中，同模板文件一样，库项目的位置也是不能随便移动的。

课堂练习3 创建"top"库项目

一般情况下，网站中的每个网页都包含网站标志和导航条，下面我们就将"souyi"网站中的网站标志和导航条定义为"库"项目。

（1）打开"souyi"站点中的"index.html"网页，单击最上方的嵌套表格边线，将其选中，然后单击"标签选择器"中<body>右侧的<table>标签，选中最上方的大表格，如图8-23所示。

（2）选择"修改" > "库" > "增加对象到库"菜单，打开图8-24所示的提示框，选中"不再警告我"复选框，然后单击"确定"按钮。

图 8-23 选择表格

图 8-24 弹出提示框

（3）系统自动打开"资源"面板，并且刚定义的"库"项目出现在项目列表中，其名称处于可编辑状态，如图8-25所示。

（4）重命名"库"项目为"top"，然后按【Enter】键确认，弹出图8-26所示的"更新文件"提示框，单击"更新"按钮。

图 8-25 创建库项目

图 8-26 更新文件

（5）文档中的所选对象也成为了库文件，此时其背景变为浅黄色，如图 8-27 所示。

图 8-27　所选对象也成为库文件

8.2.3　插入库项目

将库项目插入到文档中的操作非常简单，只需在"资源"面板的库窗口中将库项目拖入到文档的适当位置即可。此外，也可以选中库中的项目，然后单击"资源"面板底部的"插入"按钮，将库项目插入到文档中。

对于普通对象，我们在单击选中该对象后，对象四周通常会出现一组控制点。但是，如果单击库项目，该对象将变成半透明，而不是在四周出现控制点，如图 8-28 所示。我们可以据此判定该对象是否是库项目。

图 8-28　普通对象与库项目选中状态对比

同时，在文档中单击库项目后，网页编辑窗口下方将显示库项目的"属性"面板，如图 8-29 所示。

图 8-29　库项目的"属性"面板

📖　Src：显示库项目源文件的名称和在站点中的存放位置。

📖　打开：打开库项目源文件进行编辑。

📖 从源文件中分离：断开所选库项目与其源文件之间的链接，使库项目成为普通对象。

　　📖 重新创建：用当前选定内容改写原库项目，使用此选项可以在丢失或意外删除原始
库项目时重新创建库项目。

8.2.4　编辑库项目

　　要编辑库项目，可在"资源"面板中双击库项目，Dreamweaver 会在网页编辑窗口中打
开该库项目，如图 8-30 所示。

图 8-30　编辑库项目

　　我们可以在该文档窗口中对库项目进行编辑，利用"属性"面板设置其链接等属性。编
辑库项目后保存库项目时，系统会自动打开"更新库项目"对话框，询问用户是否更新使用
了库项目的网页，如图 8-31 左图所示。通常情况下，应单击"更新"按钮，接下来系统将显
示"更新页面"对话框，其中显示了更新情况，如图 8-31 右图所示。

 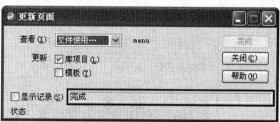

图 8-31　修改库项目后更新使用了库项目的网页

课堂练习4　在"服装展示"网页中应用库项目

　　在学完了库项目的应用及编辑后，紧接着通过一个实例来练习一下库项目的应用。

　　（1）在"souyi"站点中新建网页"x1.html"，将已定义好的样式文件"s1.css"链接到
网页中。

　　（2）打开"资源"面板，单击左侧的"库"按钮📖，显示库项目列表。单击其中的"top"
库项目并向外拖动到文档编辑窗口中，如图 8-32 所示。

图 8-32　应用库项目

（3）采用普通网页的制作方法，制作下面的内容，如图 8-33 所示。

图 8-33　编辑网页内容

（4）最后保存文件，并按【F12】键预览网页，如图 8-34 所示。

图 8-34　预览网页

课后总结

本章主要介绍了 Dreamweaver 中用于提高网站设计效率的两个强大的工具——模板和库。它们的使用原则是：如果要制作的同类网页较多，可应用模板；如果某些元素（包括其属性）被很多网页使用，可将其创建为库项目。

思考与练习

一、填空题

1. 基于模板创建的文档与模板保持链接关系（除非以后分离该文档），可以通过修改模板立即更新_____。

2. 模板文档一般分为可编辑区域和不可编辑区域。模板文档中设定为_____的部分可以在其他文档中像一般构成要素一样进行修改；而设定为_____的部分，则不能在其他文档中进行修改。

3. 默认情况下，Dreamweaver 将模板文档保存在站点根目录下的_____文件夹中，使用扩展名"_____"。

4. 如果已经将模板中的一个区域标记为可编辑，而现在想要再次锁定它（使其在基于模板的文档中不可编辑），可选择"_____" > "模版" > "_____"命令。

5. _____是一种特殊类型的 Dreamweaver 文件，我们可以将当前网页中的任意页面元素定义为库项目，如图像、表格、文本、声音和 Flash 影片等。

6. 每个库项目都被单独保存在一个文件中，文件的扩展名为_____。通常情况下，库项目被放置在站点文件夹的_____文件夹中。

7. 要编辑库项目，可在"资源"面板中_____库项目，Dreamweaver 会在网页编辑窗口中打开该库项目。

二、简答题

可以通过哪两种方法选择模板中的可编辑区域？

三、操作题

应用课堂练习 1 中创建的"服装展示"网页模板制作"时尚裙装"网页。

提示：

（1）选择"文件" > "新建"菜单，打开"新建文档"对话框。单击"模板"选项卡，在"模板用于"列表中选择"站点 'souyi'"，然后在"站点 'souyi'"列表中选择"dress1"，最后单击"创建"按钮。

（2）保存文档，弹出"另存为"对话框，将文档保存在"souyi"站点中，并命名为"qunzhuang.html"。

（3）将可编辑区域中的文本"最新商品"删除，并重新输入文本"时尚裙装"。

（4）将下方所有的商品图片和文本删除，重新插入与"时尚裙装"相关的图片，并输入相关产品介绍的文本，"时尚裙装"网页便制作完成了。

第9章 应用表单和表单对象

表单是 Internet 用户和服务器之间进行信息交流的重要工具。我们可以使用 Dreamweaver 创建带有文本域字段、密码域、单选按钮以及其他输入类型的表单，这些输入类型又被称为表单对象。

本章要点

9.1　应用表单

严格来说，一个完整的表单设计应该分为两部分，包括表单对象部分和应用程序部分，它们分别由网页设计师和程序设计师来完成。一般首先由网页设计师制作出一个表单页面，就是我们在浏览网页时看到的页面，此时的表单只是一个空壳，并不具备工作的能力；还需要程序设计师来编写程序实现表单与数据库之间的连接，应用程序部分在浏览网页时是看不见的，但却是表单处理的核心。本章所讲的表单，指的是表单对象部分，也就是表单在页面中的界面设计部分。

9.1.1　认识表单

在 Dreamweaver 的"插入"栏中有一个"表单"类别，选择该类别，可插入的表单对象快捷按钮将显示在"插入"栏中，如图 9-1 所示。

　　　　　表单　　隐藏域　复选框　　　单选按钮组　跳转菜单　文件域　　标签

　　　　　　　文本字段　文本区域　　单选按钮　列表/菜单　　图像域　　　按钮　　　字段集

图 9-1　"表单"插入栏

常见的表单对象主要有文本字段、单选按钮、复选框和按钮等，图 9-2 显示了常见的表单对象。

9.1.2　插入表单

表单对象只有添加到表单中才能正常运行，所以在应用表单对象前需要先在页面中插入表单，下面我们就来学习如何在页面中插入表单。

图 9-2　常见表单对象

（1）首先将"常用"插入栏切换至"表单"插入栏，然后将插入点置于要插入表单的位置。

（2）单击"表单"插入栏中的"表单"按钮▢，或者选择"插入" > "表单" > "表单"菜单，都可在插入点所在位置插入表单，如图 9-3 所示。

图 9-3　插入表单

提示

编辑窗口中的表单以红色虚线框显示，浏览器中的表单是不可见的。

（3）接下来设置表单的属性，将插入点置于表单区域中，"属性"面板中将显示表单属性，如图 9-4 所示。

图 9-4　表单"属性"面板

该面板中各设置项的意义如下：

▢　**表单名称**：设置表单的名称，可用于程序调用。页面中插入的第 1 个表单默认名为"form1"。

▢　**动作**：用于指定处理该表单的动态页或脚本文件的路径，可以直接键入完整的路径，也可以单击文本框右侧的文件夹图标▢来选择站点中的文件。如果没有相关程序支持，也可以使用 E-mail 方式传输表单信息，此时只需在"动作"文本框中输入"mailto:电子邮件地址"即可，比如 mailto:changchunying@tom.com，表示表单中填写的信息将会提交到指定的邮箱中。

▢　**方法**：选择传送表单数据的方式。"默认"表示采用默认的设置传送数据，一般的浏览器都以 GET 方式传送；GET 方式是将表单中的信息以追加到处理程序地址后面的方式进行传送；但是，这种方式不能发送信息量大的表单，其内容不能超过 8192 个字符。POST 方式是将表单数据嵌入到请求处理程序中，理论上，这种方式对表单的信息量没有限制，而且在数据保密方面也有好处。

📖 目标：选择打开返回信息网页的方式。如果在"动作"属性中使用了 E-mail 方式，则"目标"为空即可。

📖 MIME 类型：指定提交给服务器的数据所使用的编码类型。

📖 类：对表单应用定义好的 CSS 样式。

9.2 应用表单对象

如果把表单比做一个容器的话，表单对象就是放在这个容器里的东西，只有添加了表单对象，表单才能真正起作用，才可以让访问者输入数据或执行其他操作。

9.2.1 文本字段

文本字段是最常见的表单对象之一，在文本字段中可输入任何类型的文本内容，像姓名、地址、E-mail 或稍长一些的个人介绍等字段。文本字段可以以单行或多行显示，也可以以密码方式显示。在以密码方式显示的情况下，输入文本将被替换为星号或项目符号，以避免旁观者看到输入的内容。

文本字段在浏览器中显示为一个文本框，添加文本字段的具体操作如下。

（1）在插入文本字段之前，应确保已经插入了一个表单，并且将插入点置于要插入文本字段的表单中。

（2）将"常用"插入栏切换至"表单"插入栏，单击其中的"文本字段"按钮 □，即可在表单域中添加文本字段，如图 9-5 所示。

知识库   如果在表单外插入文本字段或者在插入表单之前插入文本字段，则 Dreamweaver 会弹出如图 9-6 所示的提示框，提示插入表单，单击"是"按钮，Dreamweaver 会在插入文本字段的同时在它周围创建一个表单，这种情况在插入任何表单对象时都会出现。

图 9-5 在表单中插入文本字段

图 9-6 提示插入表单

（3）接下来要设置文本字段的属性。用鼠标单击文本字段将其选中，此时"属性"面板中将显示其属性，如图 9-7 所示。

图9-7　文本字段"属性"面板

文本字段"属性"面板中各设置项的意义如下：

□ 文本域：指定文本字段的名称，每个文本字段都必须有一个唯一的名称。表单对象的名称不能包含空格或特殊字符，可以使用字母、数字或下划线的组合。文本字段名称最好便于记忆和理解，它将为后期的维护和管理提供方便。例如，"姓名"文本框可以命名为"username"，"密码"文本框可以命名为"password"。

□ 字符宽度：用来设置文本字段中最多可显示的字符数。如果输入的字符数超过了可显示的字符数，虽然浏览者在文本域中看不到这些字符，但并不影响文本字段识别和处理字符。

□ 最多字符数：设置文本字段中最多可输入的字符数。如果该文本框为空，则浏览者可输入任意数量的文本。

提示　　最好根据文本字段的内容设置合适的"最多字符数"，防止个别浏览者恶意输入大量数据，影响到系统的稳定性。

□ 初始值：文本字段中初始显示的内容，主要是一些提示性的文本，可帮助浏览者顺利填写该文本框内容。当浏览者输入内容时，初始值将被输入的内容代替。

□ 类型：用于选择文本字段的类型。包括"单行"、"多行"和"密码"。插入文本字段时默认为"单行"，选择该项，则文本字段中只能显示一行文本；"多行"表示插入的文本字段可以显示多行文本，并且选择该项时"属性"面板将发生变化，增加了用于设置多行文本的选项，如图9-8所示。

图9-8　多行文本域的"属性"面板

当设置文本字段类型为"多行"时，可以设置如下参数：

□ 行数：设置多行文本字段的行数，可用于创建输入较多内容的栏目，如"留言"。

□ 换行：指定当用户输入的内容较多，无法在定义的文本区域内显示时，如何显示这些内容。"换行"下拉列表中包含"默认"、"关"、"虚拟"和"实体"四个选项。选择"默认"时，当文本字段中的内容超过其右边界时，文本将向左侧滚动，此时需按【Enter】键换行；"关"选项与"默认"选项作用相同；选择"虚拟"选项或

"实体"选项时，当浏览者输入的内容超过文本字段的右边界时，文本将自动换到下一行。二者的区别在于，选择前者时，提交的数据不包括换行符，选择后者时，提交的数据包括换行符。

9.2.2　隐藏域

隐藏域用来存储非用户输入信息。例如，当用户登录某些页面时需输入用户名和密码，登录成功后，会在其他页面显示用户名，此时即可使用隐藏域来显示用户名，如图 9-9 所示。

新浪会员：ccyhrq，您好　你的邮箱地址：ccyhrq@sina.com

收件夹：你有 **0** 封 未读邮件

寄件夹：你有 **0** 封 已发送邮件

不明邮件夹：你有 **10** 封 不明邮件

垃圾箱：你有 **0** 封 垃圾邮件

图 9-9　欢迎信息

添加隐藏域的具体操作如下：

（1）将插入点置于要插入隐藏域的表单中。

（2）将"常用"插入栏切换至"表单"插入栏，然后单击"隐藏域"按钮，即可在表单域中添加隐藏域，它显示为一个图标。

（3）单击选中隐藏域图标，"属性"面板中将显示其属性，如图 9-10 所示。

图 9-10　隐藏域及其属性

"隐藏域"属性面板中各设置项的意义如下：

📖　"隐藏区域"文本框中用于输入隐藏域的名称，默认为"hiddenField"。

📖　"值"文本框用于输入要为隐藏域指定的值，该值将在提交表单时传递给服务器。

9.2.3　按钮

对表单而言，按钮是不可缺少的元素，它能控制表单的内容，如"提交"或"重设"。单击"提交"按钮可将表单中的内容发送到服务器，单击"重设"按钮可清除表单中现有的内容。添加按钮的具体操作如下。

（1）将插入点置于要插入按钮的表单中。

（2）将"常用"插入栏切换至"表单"插入栏，然后单击"按钮"图标，即可在表单域中插入按钮，默认值为"提交"。

（3）单击选中添加的按钮，"属性"面板中将显示该按钮属性，如图 9-11 所示。

图 9-11 添加的按钮及其属性

"按钮"属性面板中各设置项的含义如下：

📖 按钮名称：设置按钮的名称，默认为"Submit"。

📖 值：设置显示在按钮上的文本内容。

📖 动作：用来确定单击按钮时发生的动作，"提交表单"表示单击该按钮可提交表单；"重设表单"表示单击按钮可清空表单中的内容；"无"表示需另外添加程序才能执行相应操作。例如，可添加一个 JavaScript 脚本，使得当浏览者单击按钮时打开一个新窗口。

课堂练习 1 制作留言页面

本节通过制作一个包含表单、文本域和按钮的留言页面，来练习和巩固一下常见表单对象在网页制作中的应用。

（1）打开本书附赠素材 "\素材与实例\pegiun"站点中的 "add_a.asp"文档。

（2）将插入点置于文档中两个表格之间的空白处。将"常用"插入栏切换至"表单"插入栏，然后单击"表单"图标□，在空白处插入一个表单，如图 9-12 所示。

（3）将插入点置于刚插入的表单中，在其中插入一个 4 行、2 列、宽 568 像素的表格，如图 9-13 所示。

图 9-12 插入表单

图 9-13 插入表格

（4）将插入点置于表格的第 1 行第 1 列单元格中，设置其宽为 65 像素，高为 28 像素，然后在其中输入文本"昵称:"，如图 9-14 所示。

（5）按照同样的方法在下方的两个单元格中分别输入文本，并设置其高分别为 28 像素和 135 像素，使所有文本"居中对齐"，如图 9-15 所示。

图 9-14　在单元格中输入文本　　　　　　图 9-15　设置单元格高并输入文本

（6）将插入点置于第 1 行第 2 列单元格中，单击"表单"插入栏中的"文本字段"按钮 ，插入一个文本字段，并在"属性"面板上设置"字符宽度"为"20"，"最多字符数"为 "30"，如图 9-16 所示。

（7）同样地，在第 2 行和第 3 行的第 2 列分别插入文本字段，并分别设置其属性，如图 9-17 所示。

图 9-16　插入文本字段并设置属性　　　　　图 9-17　插入其他文本字段并设置属性

（8）将第 4 行第 2 列的单元格拆分为 3 列，在第 1 列插入一个"提交"按钮，并使其在单元格中"居中对齐"，如图 9-18 所示。

图 9-18　插入按钮并"居中对齐"

（9）在第 2 列插入一个按钮，在"属性"面板上设置"值"为"重填"，"动作"为"重设表单"，如图 9-19 所示。

图 9-19　插入按钮并设置属性

（10）将插入点置于下方表格右侧的单元格中，单击"表单"插入栏中的"按钮"图标，弹出"是否添加表单标签"的提示框，单击"否"按钮，如图 9-20 左图所示。

（11）插入按钮后，在"属性"面板上设置其"值"为"返回留言列表"，"动作"为"无"，如图 9-20 右图所示。

图 9-20　插入按钮并设置属性

知识库　　　由于该按钮所起的作用只是返回到"留言列表"页面，与表单中的内容并无直接关系，所以不用添加表单，只需为其添加一段能链接到"留言列表"页面的代码即可。

（12）至此，范例制作完毕，网页编辑窗口中的效果如图 9-21 所示。

图 9-21　留言页面

9.2.4 复选框

复选框允许用户在一组选项中选择一个或多个选项，常用于制作调查类栏目，如图 9-22 所示。添加复选框的具体操作如下。

（1）将插入点置于页面中要插入复选框的表单中。

（2）将"常用"插入栏切换至"表单"插入栏，然后单击"复选框"按钮☑，即可在表单域中添加复选框。

（3）选中添加的复选框，"属性"面板如图 9-23 所示。

图 9-22　复选框　　　　　　　　　图 9-23　　"复选框"属性面板

"复选框"属性面板中各选项意义如下：

- 复选框名称：可为复选框指定一个名称。一个实际的栏目中会拥有多个复选框，每个复选框都必须有一个唯一的名称，并且名称中不能包含空格和特殊字符。系统默认名称为"checkbox"。
- 选定值：设置在该复选框被选中时发送给服务器的值。为便于理解，一般把该值设置为与栏目内容意思相近。
- 初始状态：确定在浏览器中载入表单时，该复选框是否被选中。

9.2.5 单选按钮和单选按钮组

单选按钮允许用户在多个选项中选择一个，不能进行多项选择。图 9-24 为一个应用单选按钮的例子，添加单选按钮的方法与添加复选框相同，这里不再赘述。

图 9-24　单选按钮的应用

有时候需要一次添加多个单选按钮，此时可用单选按钮组来代替，单选按钮组相当于多个名称相同的单选按钮，除创建方法不同外，它们之间没有任何区别。

（1）将插入点置于要插入单选按钮组的表单中。

（2）将"常用"插入栏切换至"表单"插入栏，然后单击"单选按钮组"按钮，弹出"单选按钮组"对话框，如图9-25所示。

图9-25　"单选按钮组"对话框

- 📖 在"名称"文本框中设置该单选按钮组的名称，默认为"RadioGroup1"。
- 📖 在"单选按钮"区域可以对列表中的单选按钮进行添加、移除和上下移动操作。单击加号按钮"➕"可向组添加一个单选按钮，然后为新按钮输入标签和值，"标签"是按钮后的说明文字，"值"相当于"属性"面板中的"选定值"；单击减号按钮"➖"可从组中删除当前选定的单选按钮；单击向上箭头"🔼"或向下箭头"🔽"，可对这些按钮进行上移或下移的排序操作。
- 📖 在"布局"区域可以使用"换行符"或"表格"来设置组中单选按钮的布局。如果选择"表格"选项，则Dreamweaver会创建一个单列的表格，并将单选按钮放在左侧，标签放在右侧。

（3）在对话框中设置各项后，单击"确定"按钮即可将单选按钮组添加到表单中。

9.2.6　列表和菜单

除复选框和单选按钮外，在遇到需要制作选项时，还可以使用"列表/菜单"。在拥有较多选项，且网页空间又比较有限的情况下，"列表/菜单"将是最好的选择。添加"列表/菜单"的具体操作如下。

（1）将插入点置于页面中需要插入"列表/菜单"的表单中。

（2）将"常用"插入栏切换至"表单"插入栏，然后单击"列表/菜单"按钮，即可在表单域中添加"列表/菜单"。

（3）接下来要设置"列表/菜单"的属性。单击选中刚添加的列表/菜单，"属性"面板中将显示其属性，如图9-26所示。

图9-26　"列表/菜单"对象的"属性"面板

- 📖 在"列表/菜单"文本框中可为"列表/菜单"指定一个名称，并且该名称必须是唯

Dreamweaver 网页制作简明教程

一的，默认为"select"。

  📖 在"类型"列表区可以选择"菜单"或"列表"类型，该表单对象的名字"列表/菜单"即来源于此。"菜单"是浏览者单击时产生展开效果的下拉式菜单；而"列表"则显示为一个可滚动列表，浏览者可以从该列表中选择项目。"列表"也是一种菜单，通常被称为"列表菜单"。

  📖 单击"列表值"按钮，将会弹出"列表值"对话框，如图9-27所示。

图9-27 "列表值"对话框

  单击加号按钮"➕"可向列表中添加一个项目，并在"项目标签"列输入该项目的名称，在"值"列输入传回服务器端的表单数据；单击减号按钮"➖"可从列表中删除当前选定项目；单击向上箭头或向下箭头可对添加的项目进行重新排序。

  在"列表值"对话框中输入各项数据后，单击"确定"按钮返回到"属性"面板，此时"初始化时选定"列表框中显示了设置的数据，如图9-28所示。

图9-28 设置列表值

  📖 在"初始化时选定"列表框中可设置一个项目作为列表中默认选择的菜单项。

  设置完各选项后保存文件并按【F12】键预览网页，单击向下的箭头可将其展开，效果如图9-29所示。

图9-29 预览列表/菜单效果

  另外，如果在"属性"面板的"类型"区域选择"列表"，则"属性"面板将如图9-30所示。

• 156 •

图 9-30　"类型"为"列表"时的"属性"面板

□　在"高度"文本框中可设置列表菜单中的项目数。如果实际的项目数多于"高度"中的项目数，则列表菜单的右侧将自动出现滚动条。

□　勾选"允许多选"选项，则浏览者将可以从列表菜单中选择多个项目。

9.2.7　图像域

使用图像域可以用一些漂亮的图像按钮来代替 Dreamweaver 自带的按钮，从而使网站更美观。添加图像域的具体操作如下。

（1）将插入点置于页面中需要插入图像域的表单中。

（2）将"常用"插入栏切换至"表单"插入栏，然后单击"图像域"按钮，弹出"选择图像源文件"对话框。

（3）在该对话框中选择要添加的图像，然后单击"确定"按钮，即可将图像按钮插入到网页中，如图 9-31 所示。

图 9-31　插入图像域

（4）接下来设置图像按钮的属性。用鼠标单击选中图像按钮，其"属性"面板如图 9-32所示。

图 9-32　图像域"属性"面板

该面板中各参数的意义如下：

□　图像区域：设置图像域的名称，默认为"imageField"。

□　源文件：图像文件的路径，单击其后的🖿图标可以重新设置源文件，也可直接在文本框中输入路径。

📖 替换：设置描述性文本，也就是图像不能正常显示时在图像域显示的文本。

📖 对齐：设置图像按钮的对齐方式。

📖 编辑图像：单击"编辑图像"按钮可启动外部图像编辑器来编辑图像。

提示　　默认的图像按钮只具有提交表单的功能，如果要改变其用途，就需要将"行为"附加到表单对象中。

9.2.8　文件域

"文件域"可以使浏览者选择本地计算机上的文件，并将其上传到服务器上。"文件域"的外观与文本域类似，只是后面多了一个"浏览"按钮。浏览者可以单击该按钮来选择要上传的文件，或者直接在文本框中输入要上传文件的路径。

在网页中插入文件域的具体操作如下。

（1）将插入点置于页面中需要插入文件域的表单中。

（2）将"常用"插入栏切换至"表单"插入栏，然后单击"文件域"按钮🖾。

（3）接下来设置文件域的属性。用鼠标单击选中文件域，其"属性"面板如图 9-33 所示。

图 9-33　文件域"属性"面板

其中各选项的意义如下：

📖 文件域名称：用来设置文件域的名称。

📖 字符宽度：用来设置文件域中最多可显示的字符数。

📖 最多字符数：用来设置文件域中最多可输入的字符数。

课堂练习 2　制作"商品订购"页面

至此，前面已介绍了所有表单对象，在实际制作网页时，这些表单对象很少单独使用，一个表单中通常会包含各种类型的表单对象。下面来制作一个完整的表单网页实例，该实例源文件位于本书附赠素材"\素材与实例\form"站点中。

（1）新建网页文档，保存为"contact_a.html"，打开"页面属性"对话框，设置文本"大小"为"12"像素，"文本颜色"为黑色，如图 9-34 所示。

（2）首先在文档中插入一个表单域，然后在该表单中插入一个 13 行 3 列，"宽"为"560"像素，"间距"为"6"的表格，如图 9-35 所示。

图 9-34　设置页面属性

图 9-35　插入表格

（3）将第 1 行的 3 个单元格合并，并设置合并后的单元格"高"为"26"，"背景颜色"为"#CCCC66"（土黄色）。在其中输入文本"商品订购"，在"属性"面板上设置"大小"为"14"，颜色为黑色，加粗，在单元格中居中显示，如图 9-36 所示。

（4）设置第 2 行第 1 列单元格的"宽"为"30"像素，然后在第 2 行和第 3 行中间的单元格中分别输入文本，如图 9-37 所示。

图 9-36　合并单元格并输入文本　　　　　　　图 9-37　输入文本

（5）在第 3 行单元格中第 1 个词组左侧单击，插入一个复选框，在"属性"面板中设置"复选框名称"为"s1"，"选定值"为"ear"，如图 9-38 所示。

（6）采用同样的方法，在后面每个词组左侧分别插入复选框，并设置属性，如图 9-39 所示。

图 9-38　插入复选框并设置属性

图 9-39　插入多个复选框

（7）在第 4 行中间的单元格中输入文本，接着在第 5 行中间的单元格中插入文本字段，并设置其属性，如图 9-40 所示。

（8）在第 6 行和第 7 行单元格中输入文本，接着在第 7 行的第 1 个词组前插入单选按钮，并设置其属性，如图 9-41 所示。

图 9-40　插入文本字段并设置属性　　　　　　　图 9-41　插入单选按钮并设置属性

（9）采用同样的方法，在后面每个词组左侧分别插入单选按钮，并设置属性。接着在第 8 行和第 10 行输入文本，在第 9 行和第 11 行插入文本字段并设置属性，如图 9-42 所示。

（10）在最后一行中间的单元格中插入一个"提交"按钮，并设置为"右对齐"，如图 9-43 所示。

图 9-42　插入文本字段并设置属性　　　　　　　图 9-43　插入按钮并设置右对齐

（11）为使页面更美观，需要为表格定义一个"边框"样式。单击"CSS 样式"面板上的"新建 CSS 规则"按钮，打开"新建 CSS 规则"对话框，在"选择器类型"区选择"类"，在"名称"文本框中输入"tb"，在"定义在"列表区选择"仅对该文档"，然后单击"确定"按钮，如图 9-44 所示。

（12）打开".tb 的 CSS 规则定义"对话框，在"分类"列表区选择"边框"，然后在右侧"样式"列的"上"下拉列表中选择"实线"，在"宽度"列的"上"下拉列表中选择"细"，设置"颜色"列的"上"颜色值为"#CCCC66"（土黄色），最后单击"确定"按钮，如图 9-45 所示。

图 9-44　"新建 CSS 规则"对话框　　　　　　　图 9-45　设置边框样式

（13）选中表格，在"属性"面板的"对齐"下拉列表中选择"居中对齐"，在"类"下拉列表中选择"tb"，对表格应用样式，如图 9-46 所示。

（14）至此，表单文档便制作完成了。保存文档并按【F12】键预览，效果如图 9-47 所示。

图 9-46　对表格应用样式

图 9-47　预览网页

9.3　验证表单数据

使用 Dreamweaver 中的行为可以添加用于检查指定文本域中内容的 JavaScript 代码，以确保浏览者输入了符合要求的数据。下面通过一个实例介绍一下具体的设置方法。

（1）新建网页文档，并在其中插入一个表单，在表单中插入一个文本字段和一个"提交"按钮。

 要使用验证表单数据的功能，表单中至少应该存在一个文本字段和一个"提交"按钮。如果存在多个文本字段，则每个文本字段都应具有一个唯一的名称。

（2）在文本字段左侧输入文本"请输入您的 E-mail 地址："，如图 9-48 所示。

图 9-48　输入文本

（3）单击选中文本字段，然后在"属性"面板上设置"文本域"名称为"E-mail"，"字符宽度"为 30，"最多字符数"为 50。

（4）选择"提交"按钮，然后选择"窗口">"行为"菜单，打开"行为"面板，接着单击"添加行为"按钮 +，在下拉菜单中选择"检查表单"，如图 9-49 所示。

（5）弹出如图 9-50 所示的"检查表单"对话框，在"命名的栏位"列表中选择要验证的表单对象，勾选"必需的"多选项，在"可接受"列表区选择"电子邮件地址"，然后单击"确定"按钮。

图 9-49　添加行为　　　　　　　　　　　图 9-50　"检查表单"对话框

  📖 "命名的栏位"列表框中显示了所有设置过名称的表单对象，从中选择要验证的某
  一项即可。

  📖 如果确定"值"域中必须包含某种数据，需勾选"必需的"复选框。实例中的 E-mail
  地址为必填项，所以勾选"必需的"选项。

  📖 "可接受"设置区中包含 4 个选项，如果没有特殊要求，保持默认的"任何东西"
  即可；如果只能包含数字，可选择"数字"项；如果属于电子邮件格式，也就是其
  中需要有一个"@"符号，则选择"电子邮件地址"项；如果需要包含特定范围的
  数字，则选择最后一项"数字从…到…"。

（6）"行为"面板中增加了"检查表单"的行为。保存网页并预览，效果如图 9-51 所示。

图 9-51　预览网页

  我们来验证一下，在文本框中不输入任何内容，单击"提交"按钮，则会弹出如图 9-52
所示的提示框，告诉浏览者"E-mail 地址"为必填项；如果文本框中填入了内容，但没有符
号"@"，则单击"提交"按钮，会弹出如图 9-53 所示的提示框，告诉浏览者所填的内容不
符合 E-mail 地址的格式。

图 9-52　提示为必填项　　　　　图 9-53　不符合 E-mail 地址格式

  如果读者觉得提示框中的英文不太方便的话，可以切换到 Dreamweaver 的"代码"视图，
然后在代码中找到这些英文字段，并替换为中文。

课后总结

本章主要介绍了网页中实现交互功能的工具——表单和表单对象的应用，最后还讲了"验证表单数据"的方法，它属于"行为"的范畴，由于前面在讲行为时，还没有介绍表单的应用，所以放在这里来讲，希望能使读者更容易理解。

思考与练习

一、填空题

1．严格来说，一个完整的表单设计应该分为两部分，包括_____部分和_____部分，它们分别由网页设计师和程序设计师来完成。

2．表单对象只有添加到_____中才能正常运行，所以在应用表单对象前需要先在页面中插入表单。

3．文本字段可以以____或____显示，也可以以_____的方式显示。在以密码方式显示的情况下，输入文本将被替换为____或项目符号，以避免旁观者看到输入的内容。

4．_____用来存储非用户输入信息，它通常用来显示用户名等。

5．对表单而言，_____是不可缺少的元素，它能够控制表单的内容，如"提交"或"重置"。单击_____按钮可将表单中的内容发送到服务器；单击_____按钮可清除表单中现有的内容。

6．_____允许用户在一组选项中选择一个或多个选项，常用于调查类栏目中。

7．_____按钮允许用户在多个选项中选择一个，不能进行多项选择。

8．使用_____可以用一些漂亮的图像按钮来代替 Dreamweaver 自带的按钮。

9．_____可以使浏览者选择本地计算机上的文件，并将该文件上传到服务器上。

二、操作题

参照图 9-54 所示，利用表格、表单和表单对象制作一个用户注册网页。

图 9-54 用户注册网页

提示：

（1）新建网页并设置页面属性，在页面上方输入文本"注册步骤……"，并设置文本居中对齐。

（2）在文本右侧换行后插入一个表单，在表单中插入一个4行3列，宽600像素的表格，设置表格的"填充"为"10"，"间距"为"1"，"对齐"为"居中对齐"。

（3）将表格第1行的3个单元格合并，并输入文本"以下均为必填项"，设置文本颜色为红色。

（4）设置下方第1列的3个单元格背景颜色均为"#F0FFFF"（淡绿色），右对齐，并分别输入文本。

（5）设置下方第2、3列的6个单元格背景颜色均为"#FFF4FF"（淡粉色），在第2列的3个单元格中分别输入文本字段，在第3列的第1个单元格中插入一个按钮，并设置"按钮名称"为"检查会员名是否可用"。

（6）在表格下方插入一个6行3列的表格，并设置其属性同上个表格。

（7）将表格第1行的3个单元格合并，并输入文本。采用前面的方法为第2行到第5行的单元格设置背景颜色并输入文本和文本字段。

（8）在第5行第2列单元格中插入一个复选框，并在其后输入文本。将第6行的3个单元格合并，并在其中插入一个按钮。

（9）在上述表格的下方插入一个4行1列的表格，并设置其属性同前面的两个表格，在第1行和第3行单元格中分别输入文本，并设置文本颜色为红色。在第2行和第4行分别插入一个文本字段，并输入内容。

第10章 动态网页制作入门

与静态网页相比，动态网页的学习难度相对要大一些，不仅要掌握网页制作知识，还要掌握数据库编程方面的知识。因此，本章只是一个入门，如果读者想要详细学习这方面的内容，还请参阅相关书籍。

本章要点

10.1 创建动态网页测试环境

动态网页比普通的静态网页具有更加复杂的结构。要创建动态网页，首先要创建一个动态网页的测试环境。

10.1.1 动态网页工作原理

为便于大家理解，我们首先来了解一下动态网页的工作原理。动态网页一般使用"HTML+数据库+ASP"或"HTML+数据库+PHP"或"HTML+数据库+JSP"等来实现。目前中小型网站较常用的是"HTML+数据库+ASP"技术。

当我们通过浏览器向服务器发出请求时，假若请求的是一个静态网页，这个请求到了服务器以后，服务器会在本身的硬盘上寻找相关网页，然后返回内容；假若请求的是一个动态网页，服务器在接到请求后，就会接着传送给安装在这个机器上的应用程序服务器。

知识库

应用程序服务器是通过解析特定程序制作 HTML 文档的软件。举例来说，就像翻译公司把外语翻译成中文一样，应用程序服务器可以把网页程序解析为 HTML 语言。翻译公司可以分为英语翻译公司、日语翻译公司和德语翻译公司等，同样地，应用程序服务器也可以分为不同的种类，像 ASP、JSP、PHP 等。在安装 IIS 时会同时安装网页服务器和 ASP 应用服务器。

应用程序服务器会理解并解释这些代码的含义，并将解释后的内容返回到客户端，这样我们看到的仍然是一个很单纯的静态 HTML 网页。这说明，即使是动态网站，在客户端也是看不到动态网页代码的，这在一定程度上也起到保护代码的作用。

此时你可能会有这样的疑问，那些内容是哪里来的呢？当然是数据库了，所以在服务器端除了 ASP 应用程序外，还要装一个数据库管理程序，这些将在 10.2 节做详细介绍。

10.1.2 在 Windows XP 中安装 IIS

要制作动态网页，首先需要有一个测试服务器。在 Windows XP 操作系统下，只要安装了 IIS，就可以将自己的电脑设置为测试服务器。在安装 Windows XP 时，默认状态下是不会安装 IIS 的，所以需要单独安装，下面来看看在 Windows XP 操作系统下如何安装 IIS。

首先将 Windows XP 安装光盘放入光驱中，然后执行下面的操作。

（1）单击桌面左下角的"开始"按钮 ，在弹出的菜单中选择"控制面板"。

（2）打开"控制面板"，双击其中的"添加或删除程序"图标 ，如图 10-1 所示。

（3）打开"添加或删除程序"对话框，单击左侧的"添加/删除 Windows 组件"按钮 ，如图 10-2 所示。

图 10-1 双击"添加或删除程序"图标 　　　图 10-2 单击"添加/删除 Windows 组件"按钮

（4）在打开的"Windows 组件向导"对话框中勾选"Internet 信息服务（IIS）"复选框，然后单击"下一步"按钮，如图 10-3 所示。

（5）开始安装 IIS，并显示安装过程，如图 10-4 所示。这可能需要几分钟的时间。

图 10-3 勾选"Internet 信息服务（IIS）" 　　　图 10-4 显示安装过程

（6）几分钟后，显示完成 IIS 的安装，单击"完成"按钮，如图 10-5 所示。

（7）回到"添加或删除程序"对话框后单击窗口右上角的"关闭"按钮 ，将其关闭。

（8）为确认是否正确安装了 IIS，运行浏览器，在地址栏中输入 http://localhost 后按【Enter】

键，结果如图 10-6 所示。

图 10-5　完成 IIS 的安装　　　　　　　图 10-6　测试是否正确安装了 IIS

（9）测试时，系统在打开网页的同时也打开了帮助页，用户可在这里查看 IIS 使用帮助，如图 10-7 所示。

图 10-7　打开帮助页

课堂练习 1　设置 "pegiun" 为 IIS 默认网站

安装了 IIS 后，还需要进行简单的设置才能用于测试网页，下面就来看看具体的设置方法。在开始操作之前，请先将本书附赠素材 "素材与实例" 中的 "pegiun" 文件夹拷贝到本地磁盘中。

（1）选择 "开始" > "控制面板" 菜单，打开 "控制面板" 窗口，双击其中的 "管理工具" 图标，如图 10-8 所示。

（2）在打开的 "管理工具" 窗口中双击 "Internet 信息服务" 图标，如图 10-9 所示。

（3）打开 "Internet 信息服务" 窗口，依次单击 "计算机名" 和 "网站" 前面的加号，显示 "默认网站"，如图 10-10 所示。

（4）右击 "默认网站"，在弹出的快捷菜单中选择 "属性"，如图 10-11 所示。

图 10-8　双击"管理工具"图标　　　　　图 10-9　双击"Internet 信息服务"图标

图 10-10　显示"默认网站"　　　　　　　图 10-11　在快捷菜单中选择"属性"

（5）弹出"默认网站 属性"对话框，单击"主目录"选项卡，如图 10-12 所示。

（6）单击"本地路径"文本框后的"浏览"按钮，弹出"浏览文件夹"对话框，选择用来保存网站的文件夹，然后单击"确定"按钮，如图 10-13 所示。

图 10-12　单击"主目录"选项卡　　　　　　图 10-13　设置本地路径

（7）回到"默认网站属性"对话框，勾选"脚本资源访问"和"写入"复选框，然后切换到"文档"选项卡，如图 10-14 所示。

（8）单击"添加"按钮，弹出"添加默认文档"对话框，在"默认文档名"编辑框中输入"index.html"，然后单击"确定"按钮，如图 10-15 所示。

图 10-14 切换到"文档"选项卡

图 10-15 添加默认文档

知识库

勾选"脚本资源访问",表示允许用户访问已经设置了"读取"或"写入"权限的资源代码;勾选"写入",允许用户将文件及其相关属性上载到服务器上已启用的目录中,或者更改可写文件的内容。

　　一般情况下,所添加的默认文档名应与网站的主页名一致,这样在测试时输入根目录,会直接显示网站的主页。

（9）选中刚添加的"index.html",连续单击 按钮,直到"index.html"到最上方,最后单击"确定"按钮,如图 10-16 所示。

（10）弹出"继承覆盖"对话框,单击"确定"按钮,如图 10-17 所示。

图 10-16 将"index.html"移到最上方

图 10-17 "继承覆盖"对话框

（11）设置成功,右侧的窗口中显示了网站中的文件以及文件夹,如图 10-18 所示。

图 10-18 设置成功

这样设置 IIS 后，在浏览器的地址栏中输入"http://localhost"，然后按【Enter】键，将打开你设置的网站主页。

10.2　数据库相关知识

在制作动态网站前，需要先创建好网站所需要的数据库。

10.2.1　数据库简介

数据库（DataBase）是以一定组织形式存放在计算机存储介质上的相互关联的数据集合。数据库看起来像是一个表格，按照行或列来表示信息。表的每一行称为一个"记录"，每一列称为一个"字段"。字段和记录是数据库中最基本的术语。例如，一个记录某公司员工信息的数据库，它通常包括姓名、年龄、学历等字段，而为每个员工输入的具体数据就是一个记录。

在动态网站中，绝大多数网站数据（会员信息、留言内容等）都保存在数据库中。当需要某一数据时（例如某一条留言信息），只要单击相关链接，应用程序会自动调用数据库中的内容，并将其显示在网页中。

目前，常用的数据库管理系统有下面几种。

- Microsoft Access：适合创建中小型信息管理系统，由美国微软公司开发，是办公软件 Microsoft Office 的一个组件。
- Microsoft SQL Server：目前应用最广泛的数据库管理系统，适合创建中小型信息管理系统，由美国微软公司开发。
- Oracel：适合创建大型信息管理系统，由美国 Oracel 公司开发。
- DB2：适合创建大中型信息管理系统，由美国 IBM 公司开发。

课堂练习2　创建数据库"mydb"

本节将使用 Access 2000 创建数据库，以保存用户个人信息及留言内容。当然，要使用 Access 2000，必须首先安装该软件。

Access 的安装过程非常简单。在安装 Office 办公软件时默认状态下会安装 Access，所以此处不再详述。

本例中，我们将创建一个包含 5 个字段的数据库，它们分别是编号、昵称、留言、日期和时间。

（1）单击"开始"按钮，选择"所有程序"＞"Microsoft Access"菜单，启动 Access，如图 10-19 所示。

（2）在"Microsoft Access"对话框中选择"空 Access 数据库"单选钮，然后单击"确定"按钮，如图 10-20 所示。

（3）打开"文件新建数据库"对话框，在"保存位置"下拉列表中选择希望保存数据库的文件夹（此处为站点根目录下的"data"文件夹），在"文件名"编辑框中输入数据库文件名（mydb），然后单击"创建"按钮，如图 10-21 所示。

（4）打开数据库管理窗口，在其中双击"使用设计器创建表"，如图 10-22 所示。

图 10-19　启动 Access

图 10-20　选择"空 Access 数据库"

图 10-21　设置保存位置和文件名

图 10-22　双击"使用设计器创建表"

（5）打开表结构设计窗口，输入字段名 bianhao，打开后面的数据类型下拉列表，从中选择"自动编号"（表示该项数据无需输入，而由系统自动生成），如图 10-23 所示。

（6）输入字段名 nicheng，取默认数据类型"文本"，在下面的"字段属性"设置区设置字段的"默认值"为""无名""，"允许空字符串"为"是"，如图 10-24 所示。

图 10-23　设置"bianhao"字段

图 10-24　设置"nicheng"字段

提示

  "bianhao"项在留言列表中不可见，但是它可以根据留言的顺序为数据库中的留言自动编号。

  （7）输入字段名 neirong，取默认数据类型"文本"，在下面的"字段属性"设置区设置字段的"字段大小"为"255"，"允许空字符串"为"是"，如图 10-25 所示。

  （8）输入字段名 riqi，设置其数据类型为"日期/时间"，单击"字段属性"设置区"默认值"后面的 图标，在打开的"表达式生成器"中设置"默认值"为"Date()+Time()"（当前日期和当前时间），然后单击"确定"按钮，如图 10-26 所示。

图 10-25 设置"neirong"字段

图 10-26 设置"riqi"字段

  （9）按【Ctrl+S】组合键保存文件，弹出"另存为"对话框，在"表名称"文本框中输入"mytable"作为表名，然后单击"确定"按钮，如图 10-27 所示。

  （10）office 助手提示需要定义主键，问是否定义，单击"是"定义主键，"bianhao"字段自动被定义为主键，其前方出现钥匙形状的小图标。最后单击"关闭"按钮，关闭表设计器，如图 10-28 所示。

图 10-27 保存表

图 10-28 定义主键并关闭表设计器

  （11）为便于后面进行测试，双击 mytable（如图 10-29 所示），打开输入表数据窗口。

  （12）随意输入两条记录（只输入昵称和内容就可以了），最后关闭表并退出 Access，如图 10-30 所示。

10.3 在 Dreamweaver 中实现动态效果

  本节通过制作一个留言板的留言和留言列表页面，来讲解在 Dreamweaver 中制作动态网页的方法。

图 10-29 双击 mytable　　　　　　　　图 10-30 输入两条记录

10.3.1 创建动态站点

在开始网页制作之前，需要先创建站点，动态网站更是如此。下面以"pegiun"网站为例来看一下动态站点的创建方法。

（1）启动 Dreamweaver 后，选择"站点">"新建站点"菜单，打开"站点定义"对话框，单击"高级"选项卡，并在左侧的"分类"列表中选择"本地信息"，如图 10-31 所示。

（2）设置"站点名称"为"pegiun"，"本地根文件夹"为网站文件所在根文件夹（此处为"D:\书稿\Dreamweaver 网页制作简明教程（8.0）\素材与实例\pegiun\"），"默认图像文件夹"为根文件夹下的"images"文件夹，如图 10-32 所示。

图 10-31 打开"站点定义"对话框　　　　图 10-32 设置本地信息

（3）单击左侧"分类"列表中的"测试服务器"，设置"服务器模型"为"ASP JavaScript"，"访问"为"本地/网络"，选中"自动刷新测试文件列表"复选框，然后单击"确定"按钮，如图 10-33 所示。

图 10-33　设置测试服务器

　　在"访问"下拉列表中选择"本地/网络"，表示在本机（也就是前面设置的环境）上进行测试。

课堂练习3　为留言列表页面增加服务器行为

　　进入留言板的首页，往往会显示所有留言的列表，本节我们要制作的就是该页面。

（1）创建数据库连接

　　利用 Dreamweaver 中的"数据库"面板可以非常容易地连接服务器和数据库，下面我们来看一下具体操作。

　　（1）首先打开本书附赠素材"\素材与实例\pegiun"站点中的"list_a.asp"文档。

　　（2）在网页中间的第 2 个空白单元格中单击，插入一个表单，如图 10-34 所示。

　　（3）在表单中插入一个 3 行、2 列、宽为 568 像素、填充为 4、间距为 1 的表格，并设置表格的背景颜色为灰色（#CCCCCC），如图 10-35 所示。

图 10-34　插入表单

图 10-35　在表单中插入表格

　　（4）拖动鼠标选中下方的 4 个单元格，设置其背景颜色为白色，这样就创建了一个有着灰色边框的细线表格，如图 10-36 所示。

（5）将表格中第 2 行的两个单元格合并，并输入文本"留言:"；在第 3 行左侧的单元格中输入文本"昵称:"，并设置为右对齐；在第 3 行右侧的单元格中输入文本"时间:"，并设置为左对齐，如图 10-37 所示。

图 10-36　设置单元格背景颜色　　　　　　　图 10-37　输入文本并设置对齐方式

（6）接下来要为网页创建数据库连接。选择"窗口"＞"数据库"菜单，打开"数据库"面板。单击 按钮，在弹出的下拉列表中选择"数据源名称（DSN）"，如图 10-38 所示。

（7）打开"数据源名称（DSN）"对话框，输入"连接名称"为"mb"；由于前面尚未为创建的数据库创建数据源，单击"数据源名称（DSN）"对话框右侧的"定义"按钮，以定义数据源，如图 10-39 所示。

图 10-38　打开"数据库"面板并添加数据源名称　　　　　　图 10-39　设置连接名称

（8）打开"ODBC 数据源管理器"对话框，切换至"系统 DSN"选项卡，然后单击"添加"按钮，如图 10-40 所示。

（9）打开"创建新数据源"对话框，从中选择"Driver do Microsoft Access（*.mdb）"，单击"完成"按钮，如图 10-41 所示。

图 10-40　单击"添加"按钮　　　　　　　　图 10-41　选择数据源类型

（10）打开"ODBC Microsoft Access 安装"对话框，单击"选择"按钮，如图 10-42 所示。

（11）打开"选择数据库"对话框，选择前面创建的数据库"mydb"，然后单击"确定"

按钮，如图 10-43 所示。

图 10-42　打开"ODBC Microsoft Access 安装"对话框

图 10-43　选择数据库"mydb"

（12）返回"ODBC Microsoft Access 安装"对话框，输入数据源名（此处为"myodbc"），然后单击"确定"按钮，如图 10-44 所示。

（13）返回"ODBC 数据源管理器"对话框，新建的数据源已出现在系统数据源列表中，单击"确定"按钮，如图 10-45 所示。

图 10-44　输入数据源名"myodbc"

图 10-45　返回"ODBC 数据源管理器"对话框

（14）返回"数据源名称（DSN）"对话框，新建的数据源名称出现在"数据源名称（DSN）"列表框中。为验证连接是否成功，单击"测试"按钮，如图 10-46 左图所示。

（15）显示提示对话框，表示设置无误。单击"确定"按钮，关闭提示对话框，如图 10-46 右图所示。

图 10-46　测试是否连接成功

（16）在"数据源名称（DSN）"对话框中单击"确定"按钮，关闭"数据源名称（DSN）"对话框，此时新建数据库连接已出现在"数据库"面板中，如图 10-47 所示。

（2）创建记录集

记录集就是数据库表中各条记录的集合，此处创建记录集的目的是读取数据库中的内容。以前创建记录集需要手动编写 SQL 语句；现在好了，使用 Dreamweaver 提供的"绑定"面板，只需在弹出菜单中选择数据库连接和表即可轻松创建，具体操作如下。

图 10-47　创建数据库连接

（1）打开"绑定"面板，单击 按钮，在弹出的菜单列表中选择"记录集（查询）"，如图 10-48 所示。

（2）打开"记录集"对话框。在"连接"下拉列表中选择前面创建的"mb"连接，如图 10-49 所示。

（3）"表格"列表中自动变为"mytable"，下面的"列"列表中也自动显示表格中的字段名。为测试创建的记录集，单击"测试"按钮，如图 10-50 所示。此时将显示连接的表格内容，如图 10-51 所示。

图 10-48　选择记录集　　　　图 10-49　选择"mb"连接　　　　图 10-50　单击"测试"按钮

（4）依次单击"确定"按钮，关闭"测试 SQL 指令"对话框和"记录集"对话框，此时新创建的记录集已增加到"绑定"面板中，如图 10-52 所示。

图 10-51　显示表格内容　　　　　　　　　　图 10-52　成功创建记录集

（3）设置动态文本

动态文本是指需要从数据库中读取，而不是直接输入到网页中的文本。使用 Dreamweaver 提供的"服务器行为"面板，可以轻松设置动态文本，不需要再一个个地插入，具体操作如下。

（1）在表单表格的第2行"留言:"后面单击。打开"服务器行为"面板，单击⊞按钮，在弹出的下拉菜单中选择"动态文本"，如图 10-53 所示。

（2）打开"动态文本"对话框，在"域"列表区单击选择 neirong 字段，然后单击"确定"按钮，以插入动态文本，如图 10-54 所示。

图 10-53　选择"动态文本"　　　　　　图 10-54　插入 neirong 字段

（3）在表格的第 3 行"昵称:"后面单击，按照前面的方法插入 nicheng 字段；之后在"时间:"后面插入 riqi 字段，如图 10-55 所示。

（4）由于该表单用来显示记录，不能只显示一行。因此，还要给它增加一个"重复区域"行为。为此，首先单击标签选择器中的"form"标签选中表单，然后在"服务器行为"面板中单击⊞按钮，在其下拉菜单中选择"重复区域"，如图 10-56 所示。

图 10-55　插入 nicheng 和 riqi 字段　　　　图 10-56　选择"重复区域"

（5）打开"重复区域"对话框。默认情况下，记录集的显示条数为 10 条，此处设置为 6，最后单击"确定"按钮，如图 10-57 所示。

（6）保存网页，然后按【F12】键预览，效果如图 10-58 所示。

课堂练习4　为留言页面增加服务器行为

留言板肯定要具有留言功能，本节我们就来看看如何使用 Dreamweaver 实现网页的留言功能。

该值在属性面板上是随时可以改变的

图 10-57 设置"重复区域"　　　　　图 10-58 网页预览效果

第 9 章的课堂练习 1 制作了一个留言界面，本节我们就在它的基础上开始留言功能的制作。

（1）打开本书附赠素材"\素材与实例\pegiun"站点中的"add_list.asp"文档。

（2）单击"文档"工具栏中的"拆分"按钮，在窗口上方打开代码视图。将插入点置于 <html> 代码上方，打开"数据库"面板，右键单击前面创建的数据库连接，在弹出的菜单中选择"插入代码"，如图 10-59 所示。

（3）此时可以看到在插入点所在位置插入的代码。单击"设计"按钮，以显示设计视图，如图 10-60 所示。

图 10-59 插入代码　　　　　　　图 10-60 切换至设计视图

（4）打开"服务器行为"面板，单击 ⊞ 按钮，在弹出的菜单中选择"插入记录"，如图 10-61 所示。

（5）在打开的"插入记录"对话框中设置"连接"为前面创建的 mb，"插入到表格"自动变为 mytable，"获取值自"也自动变为 form1，单击"表单元素"列表区的文本字段 "textfiled4<忽略>"，在下面的"列"下拉列表中选择 nicheng 字段，如图 10-62 所示。

（6）单击"表单元素"列表区的文本字段"textfiled6<忽略>"，在下面的"列"下拉列表中选择 neirong 字段，然后单击"确定"按钮，如图 10-63 所示。

图 10-61　插入记录

图 10-62　设置"插入记录"对话框

（7）选择"窗口">"行为"菜单，打开"行为"面板。选中下面表格中的按钮"返回留言列表"，单击"添加行为"按钮 **+**，在弹出的下拉菜单中选择"转到 URL"，如图 10-64 所示。

图 10-63　设置文本域

图 10-64　设置链接

（8）打开"转到 URL"对话框，单击"浏览"按钮，在打开的"选择文件"对话框中选择要转到的网页（此处为"list.asp"），然后单击"确定"按钮，如图 10-65 所示。

（9）为预览网页效果，保存文件后按【F12】键，在各个文本框中输入内容，然后单击"提交"按钮，如图 10-66 所示。

图 10-65　设置"转到 URL"对话框

图 10-66　预览网页效果

采取同样的方法，为"留言列表"页面中的按钮"我要留言"设置到"add_list.asp"的链接。

（10）提交内容后文本框都变空，单击"返回留言列表"按钮查看留言，可以看到刚才的留言已经显示在留言列表下方，如图 10-67 所示。

图 10-67　留言成功

前面只是讲了留言板前台的制作，实际上一个完整的留言板不仅有前台，还要有后台，以便于网站拥有者对留言进行回复和管理。有兴趣的读者可以参考上面的方法，自己试着做出留言板的后台。

10.4　发布网站

网站制作好后，需要申请一个域名和主机空间，并将制作好的网站上传到空间上，这样别人才能通过 Internet 访问你的网站。此外，为了让浏览者能顺利访问你的网站，在将站点上传到主机空间之前，最好对其进行测试。

10.4.1　网页兼容性测试

通过兼容性测试，可以查出文档中是否含有浏览器不支持的标签或属性等，如 EMBED 标签、marquee 标签等。如果这些元素不被浏览器支持，在浏览器中会显示不完全或功能运行不正常，进而影响网页的质量。浏览器兼容性测试的具体操作如下。

（1）打开要测试的网页，单击"文档"工具栏中的 按钮，在弹出的下拉菜单中选择"设置"，打开"目标浏览器"对话框，如图 10-68 所示。

（2）在对话框中选择要检测的浏览器，在右侧的下拉列表中选择对应浏览器的最低版本。单击"确定"按钮，关闭对话框，完成要测试的目标浏览器的设置。

（3）选择"文件" > "检查页" > "检查目标浏览器"菜单，在"结果"面板组中的"目标浏览器检查"面板中将显示检查结果，如图 10-69 所示。

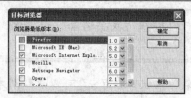

图 10-68 "目标浏览器"对话框   图 10-69 "目标浏览器检查"面板

提示

　　　Dreamweaver 的"检查目标浏览器"功能不会对文档进行任何方式的更改，只会给出检测报告。

　　"检查目标浏览器"命令可给出 3 种潜在问题的信息：💬告知性信息、⚠警告和❗错误。这 3 种问题的含义如下。

　　📖 告知性信息：表示代码在某个浏览器中不受支持，但没有负面影响。

　　📖 警告：表示某段代码不能在特定浏览器中正确显示，但不会导致严重问题。

　　📖 错误：表示某段代码在特定浏览器中会导致严重的问题，如致使页面显示不正常。

　　（4）单击"结果"面板组左上侧的 ▶ 符号，在弹出的下拉菜单中选择"检查整个当前本地站点的目标浏览器"选项，对站点中所有 Web 页面进行目标浏览器的兼容性检查，结果如图 10-70 所示。

图 10-70 检查整个站点

　　（5）单击"结果"面板组左下侧的 🌐 符号，浏览器中会显示出检查报告，如图 10-71 所示。

图 10-71 检查报告

（6）单击"结果"面板组左下侧的 符号，可保存检查结果。

（7）双击"目标浏览器检查"面板中的错误信息，系统自动切换到"拆分"视图，并选中有问题的标记，如图 10-72 所示。

图 10-72　选中有问题的标记

（8）将有问题的代码修改或者删除，以修正错误。

10.4.2　检查并修复网页链接

在一些大型站点中，往往会有很多链接，这就难免出现 URL 地址出错的问题。如果逐个页面进行检查，将是非常烦琐和浩大的工程，又很浪费时间和精力。针对这一问题，Dreamweaver 提供了"检查链接"功能，使用该功能可以在打开的文档或本地站点的某一部分或整个站点中快速检查断开的链接和未被引用的文件。

1．检查页面链接

要检查单个页面文档中的链接，具体操作如下。

（1）在 Dreamweaver 中打开要检查的网页文档。

（2）选择"文件" > "检查页" > "检查链接"菜单，"结果"面板组中的"链接检查器"面板将显示检查的结果，如图 10-73 所示。

图 10-73　"链接检查器"面板

（3）在"显示"下拉列表框中可选择要查看的链接类型，如图 10-74 所示。

图 10-74　选择要查看的链接类型

□ 断掉的链接：用于检查文档中是否有断掉的链接。

  □ 外部链接：用于检查页面中存在的外部链接。

  □ 孤立文件：只有在对整个站点进行检查时该项才有效。用于检查站点中是否存在孤立文件。

2. 检查站点中某部分的链接

  要有选择地进行检查，具体操作如下。

  （1）选择"窗口" > "文件"菜单，打开"文件"面板。在"文件"面板中选择要检查的文件或文件夹。

知识库

  按住【Shift】键单击可选中一组连续的文件，按住【Ctrl】键单击可选中不连续的文件。

  （2）在选中的文件或文件夹上单击鼠标右键，在弹出的快捷菜单中选择"检查链接" > "选择文件/文件夹"菜单，检查结果将显示在"结果"面板组的"链接检查器"面板中。

  （3）同样地，在"显示"下拉列表中可选择要查看的链接类型。

3. 检查站点范围的链接

  在 Dreamweaver 中，可以直接检查整个站点范围的链接，具体操作如下。

  （1）首先在"文件"面板中选择要检查的站点。

  （2）在"结果"面板组中单击 ► 符号，在弹出的下拉菜单中选择"检查整个当前本地站点的链接"选项，如图 10-75 所示。

图 10-75　检查整个站点内的链接

  修复链接的方法非常简单，在断掉的链接列表中单击"断掉的链接"列中出错的项，该列将变为可编辑状态，直接输入链接文件的路径或者单击右侧的 ▢ 图标，在弹出的"选择文件"对话框中重新选择链接的文档。如果当前所选范围中还有文件与其有相同的错误，当修改完上述链接后，系统将弹出如图 10-76 所示的提示框，询问用户是否修正其他引用该文件的非法链接。此时单击"是"按钮，系统将自动修正其他链接。

10.4.3　设置站点远程信息

  申请好主机和域名后，服务商会为我们提供登录虚拟空间所用的 IP 地址、登录账户名称和密码。必须把这些信息设置到 Dreamweaver 对应的站点中，才能通过 Dreamweaver 内置的站点管理功能上传或下载站点文件。

（1）选择"站点" > "管理站点"菜单，打开"管理站点"对话框，如图 10-77 所示。

图 10-76　提示框　　　　　　　　　　图 10-77　"管理站点"对话框

（2）在站点列表中选择一个站点，然后单击"编辑"按钮，打开站点定义对话框。

（3）打开"高级"选项卡，在"分类"列表中单击"远程信息"，然后在右侧设置区设置相关参数，如图 10-78 所示。

图 10-78　设定远程信息

为验证所设参数是否正确，可在设置好站点远程信息后单击"测试"按钮。如果成功连接，系统会给出相应的提示信息，如图 10-79 所示。

图 10-79　测试连接

10.4.4　上传或下载文件

与服务器成功连接后，如果要从本地站点向服务器中上传文件，可直接单击"文件"面板中的"上传文件"按钮 ⬆，此时系统会首先打开图 10-80 所示的提示对话框，询问用户是否上传整个站点。如果单击"确定"按钮，系统将开始上传文件并显示类似图 10-81 所示的上传进度提示对话框。单击"详细"前面的小黑三角，将显示详细的上传信息列表。

图 10-80　提示对话框　　　　　　　图 10-81　上传进度显示对话框

　　单击"本地视图"下拉列表，在下拉列表中选择"远程视图"，其中显示了远程服务器上的文件列表，如图 10-82 所示。

图 10-82　远程视图

　　　　如果网站内容较多，上传网站会花费很长的时间，此时应尽可能选择晚上等空闲时间执行上传工作。

　　此外，如果希望只上传选定的文件或文件夹，可首先选中这些文件或文件夹，然后再单击"上传文件"按钮 ⬆。

　　　　可以结合键盘上的【Shift】或【Ctrl】键同时选中多个文件或文件夹。例如，要选择一组连续的文件，可按住【Shift】键，然后单击第一个和最后一个文件。要选择一组不连续的文件，可按住【Ctrl】键，然后分别单击选择文件。

　　当我们上传的是一个 HTML 文档，并且这个文档使用了一些图像素材，如果上传时没有选择这些素材，Dreamweaver 将弹出图 10-83 所示的画面，询问是否将这些相关文件一起上传。如果选择"是"，表示随 HTML 文档一起上传这些素材；如果选择"否"，表示只上传 HTML 文档。如果不做任何选择，该对话框将在 30 秒后自动消除。

图 10-83　"相关文件"提示框

要从远程服务器中取回文件，只需单击"文件"面板中的"获取文件"按钮 即可，此时将显示提示对话框，如图 10-84 所示。单击"确定"按钮，将显示取回文件进度指示对话框，如图 10-85 所示。下载完后该对话框会自动消失。

图 10-84　取回文件进度指示框

图 10-85　取回文件进度指示对话框

课后总结

通过本章的学习，大家首先应掌握动态网页的概念。所谓动态网页实际上就是具有交互功能的网页，它通常需要在客户端和服务器之间进行数据交换；因此，动态网页大都会用到数据库，以保存数据。

其次，大家应该明白，要创建和调试动态网页，首先应对 Web 服务器、站点等进行适当配置，并创建好数据库。

最后，本章给出了一个无需编程，而直接借助 Dreamweaver 8 提供的数据库管理功能制作的留言板。实际上，本章的前两节都是在为留言板的制作做准备。

思考与练习

一、填空题

1. 动态网页一般使用"HTML+数据库+_____"或"HTML+数据库+PHP"或"HTML+数据库+JSP"等来实现。

2. 在 Windows XP 操作系统下，只要安装了_____，即可将自己的电脑设置为测试服务器。

3. _____（DataBase）是以一定组织形式存放在计算机存储介质上的相互关联的数据集合。

4. _____看起来像是一个表格，按照行或列来表示信息。一般来说，表的每一行称为一个_____，每一列称为一个_____。字段和记录是数据库中最基本的术语。

5. _____文本是指需要从数据库中读取，而不是直接输入到网页中的文本。

6. 通过_____测试，可以查出文档中是否含有浏览器不支持的标签或属性，如 EMBED 标签、marquee 标签等。

二、操作题

参照留言板的创建方法，制作"用户注册"功能模块，最终效果见本书附赠素材"素材与实例"中的 register 文件夹。

提示：

（1）创建一个名为"mydb"的数据库。在数据库管理窗口中双击"使用设计器创建表"，打开表结构设计窗口。

（2）输入字段名 bianhao，打开后面的数据类型下拉列表，从中选择"自动编号"。

（3）输入字段名 xingming，取默认数据类型"文本"，在下面的"字段属性"设置区设置"必填字段"为"是"（表示该项为必填的）。

（4）输入字段名 mima，取默认数据类型"文本"，在下面的"字段属性"设置区设置"必填字段"为"是"。再按照同样的方法，分别创建 dizhi、dianhua 和 youbian 字段，如图 10-86 所示。

（5）将表保存为"mytable"，并定义主键。

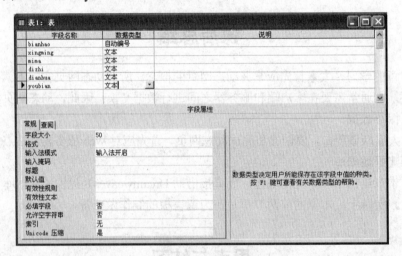

图 10-86　创建字段

（6）新建一个名为 register.asp 的网页文档，在其中插入一个表单，并在表单中插入一个 6 行 2 列的表格，分别在前 5 行的每个单元格中输入文本或插入文本字段，将第 6 行的两个单元格合并，并插入两个按钮，如图 10-87 所示。

图 10-87　注册表单

（7）打开"数据库"面板，单击 ➕ 按钮，选择"数据源名称（DSN）"，打开"数据源名称（DSN）"对话框，输入"连接名称"为"myconnect"。

（8）单击"定义"按钮，打开"ODBC 数据源管理器"对话框，并打开"系统 DSN"选项卡。

（9）单击"添加"按钮，打开"创建新数据源"对话框，从中选择"Driver do Microsoft Access（*.mdb）"。

（10）单击"完成"按钮，打开"ODBC Microsoft Access 安装"对话框。在"数据源名"编辑框中输入"myodbc"，然后单击"选择"按钮，在打开的"选择数据库"对话框中选择前面创建的数据库。

（11）选定数据库后，单击"确定"按钮，返回"ODBC Microsoft Access 安装"对话框。再次单击"确定"按钮，返回"ODBC 数据源管理器"对话框。新建的数据源已出现在系统数据源列表中。

（12）单击"确定"按钮，返回"数据源名称（DSN）"对话框，此时新建的数据源名称出现在"数据源名称（DSN）"列表框中。为验证连接是否成功，可单击"测试"按钮。

（13）关闭"数据源名称（DSN）"对话框，此时新建数据库连接已出现在"数据库"面板中。

（14）打开"绑定"面板，单击 ➕ 按钮，选择"记录集"，打开"记录集"对话框。打开"连接"下拉列表，选择前面创建的 myconnect 连接。

（15）依次关闭"测试 SQL 指令"对话框和"记录集"对话框，此时新创建的记录集被增加到了"绑定"面板中。

（16）打开"服务器行为"面板，单击 ➕ 按钮，选择"插入记录"。

（17）在打开的"插入记录"对话框中设置"连接"为 myconnect，"插入到表格"为 mytable，"插入后，转到"为"index.asp"（该页面为登录页，已准备好），"获取值自"为 form1。分别单击"表单元素"列表区的各个文本字段名，在下面的"列"下拉列表中分别选择 mytable 表中对应的字段。

（18）按【Ctrl+S】组合键保存文档，可在浏览器中测试网页效果。

第11章　综合实例——制作"宝贝爱"网站

实际工作中，很多用户对网页制作相关软件都操作得非常熟练，但真正要做网站的时候，却又不知该从何入手。针对此情况，我们特意安排了制作"宝贝爱"公司网站的综合实例，让大家真正上手网站制作。本例的最终实现效果请参考本书附赠素材"素材与实例/baby"。

本章要点

11.1　网站规划

动手制作网站之前，不仅要准备好用到的材料，还要对整个网站的主题、风格和结构有个大概的认识，做到心中有数。实在不行，可以在纸上勾出草图或将自己的想法一一列出。本节首先来介绍一下这方面的内容。

11.1.1　网站命名

一般情况下，公司网站直接以公司名作为网站名即可，个人网站可依自己爱好命名。网站名应该能反映出网站的性质。本章要制作的是一个专营婴幼用品的公司网站，网站名为公司名"宝贝爱"。

11.1.2　划分栏目并确定网站结构

如果想要使建站的过程更顺利，就必须事先规划好网站的栏目和结构，这样在后面的制作中才能做到有章可循。

经过对网站内容的分析，我们将该网站划分为以下6个栏目：首页、公司简介、我们的产品、我们的服务、我们的动向和联系我们。根据这些栏目，我们作出了图11-1所示的网站结构图。

图11-1　网站结构图

11.1.3   确定网站风格

　　一般情况下，要根据公司的性质或标志来确定网站风格。本章要制作一个专营婴幼用品的公司网站，所以选用了代表沉静、理智、诚实的蓝色和代表生命、活力、青春的绿色作为网站主色调；又以浅灰色作为点缀，不仅突出了重点，又能产生强烈的视觉效果。整个网站看起来特色鲜明，生机勃勃。图 11-2、11-3 和 11-4 所示为首页、一级子页和二级子页的页面效果图。

图 11-2　首页效果图

图 11-3　一级子页效果图

图 11-4　二级子页效果图

11.1.4　设置本地站点目录并定义站点

在编辑网页之前，首先要定义一个站点。站点的定义我们在前面已讲了不止一次，这里只简单地介绍一下定义过程。

（1）首先在本地磁盘创建一个文件夹"baby"，并在该文件夹下创建一个新文件夹"images"，以存放站点中的图像文件。

（2）启动 Dreamweaver 8，选择"站点" > "新建站点"菜单，在打开的"站点定义为"对话框中选择"基本"选项卡。

（3）在"您打算为您的站点起什么名字"文本框中输入"宝贝爱"，设置站点名称，如图 11-5 所示。

（4）单击"下一步"按钮，由于网站中未包含动态网页，故选择"否，我不想使用服务器技术"单选钮，如图 11-6 所示。

图 11-5　设置站点名称

图 11-6　设置网站是否使用服务器技术

（5）单击"下一步"按钮，勾选"编辑我的计算机上..."单选钮，并单击下面文本框后面的"文件夹"图标，在打开的"选择站点 宝贝爱 的本地根文件夹"对话框中选择前面创建的文件夹"baby"，如图 11-7 所示。

图 11-7　选择如何使用文件以及文件存放位置

（6）回到"宝贝爱 的站点定义为"对话框。单击"下一步"按钮，由于现在只是在本地编写和调试网页，故此时不需要连接到远程服务器，所以在"您如何连接到远程服务器？"下拉列表中选择"无"。

（7）单击"下一步"按钮，系统显示所设参数的总结，如图 11-8 所示。如果没有问题，单击"完成"按钮，一个新的站点便创建完成了。

（8）打开"文件"面板，可以看到刚才创建的"宝贝爱"站点，如图 11-9 所示。

图 11-8　显示所设参数总结　　　　　　　　图 11-9　完成站点创建

11.1.5　收集和整理素材

网页设计素材的收集是相当重要的。通常情况下，素材的来源主要有下面几种。

📖　客户提供的素材：主要是与产品或企业相关的图像和文字，比如产品外观图像等，本例中主要指"我们的产品"中用到的图片。

📖　网上收集的素材：主要是一些辅助性的图像，这些图像的装饰性较强，比如背景图像等。

📖 独自创作的素材：主要是整个页面中视觉面积最大、最有说服力的图像，比如广告图像、标题图片等。

将所有需要的素材收集整理好后，放在本地站点中的"images"文件夹中。

 提示　　要获取本例中使用的图像，可以直接将本书附赠素材中"素材与实例"＞"baby"目录下的"images"文件夹拷贝到站点的根目录下。

11.2　网站制作

由于篇幅的关系，我们不再为大家一一讲述网站中所有页面的制作，这里先制作一个网页模板，然后在其基础上分别制作网站首页、一级子页和二级子页。其他页面可参照这三个页面的制作来完成。

这里要强调的一点是，在制作之前应该把用到的图片拷贝到站点根目录下的"images"文件夹里。

11.2.1　制作网页模板

为便于读者理解，我们将网页模板的制作分为 4 小节，下面来看具体操作。

1. 新建模板文档

（1）选择"文件"＞"新建"菜单，打开"新建文档"对话框。单击"常规"选项卡，在"类别"列表中选择"模板页"，在"模板页"列表中选择"HTML 模板"，最后单击"创建"按钮，如图 11-10 所示。

（2）按【Ctrl+S】组合键保存文档，弹出图 11-11 所示提示框。勾选"不再警告我"复选框，之后单击"确定"按钮。

图 11-10　新建模板文件

图 11-11　提示框

（3）接着打开"另存为模板"对话框，在"站点"下拉列表中选择"宝贝爱"，在"另存为"文本框中输入模板文件名"m1"，最后单击"保存"按钮，如图 11-12 所示。

（4）按【Ctrl+J】组合键，打开"页面属性"对话框。单击左侧"分类"列表中的"标题/编码"，设置标题为"宝贝爱网站"，编码为"简体中文（GB2312）"，之后单击"确定"按钮，如图 11-13 所示。

图 11-12　"另存为模板"对话框　　　　　　图 11-13　设置网站标题

（5）再次按【Ctrl+S】组合键保存文件。

2. 设置模板内容

（1）在页面中插入一个 1 行 2 列，宽 1000 像素，填充、间距和边框均为 0 的表格，我们称该表格为表格 1，如图 11-14 所示。

图 11-14　插入表格

（2）在表格 1 的左右两个单元格中分别插入图片"in_01.gif"和"index_02.gif"，如图 11-15 所示。

图 11-15　在单元格中插入图片

（3）在表格 1 下方插入一个 1 行 2 列，属性与表格 1 相同的表格，我们称该表格为表格

2。在表格2左侧单元格中嵌套一个4行1列，宽255像素的表格，如图11-16所示。

图11-16　插入表格2并在其中嵌套表格

（4）设置嵌套表格的"垂直"对齐方式为"顶端"，在嵌套表格的上面两个单元格中分别插入图片"in_03.gif"和"in_05.gif"，如图11-17所示。

图11-17　在嵌套表格中插入图片

（5）在嵌套表格的第3个单元格中单击，设置"index_05.gif"为其背景，如图11-18所示。

图11-18　设置单元格背景

（6）将嵌套表格的第3个单元格拆分为2列，并在右侧单元格中插入图片"in_08.gif"，设置"水平"对齐方式为"右对齐"。

（7）向右拖动单元格分界线，使得右侧单元格与其中的图片等宽，如图11-19所示。

（8）设置嵌套表格的第 4 个单元格背景颜色为 "#42B4EA"，并将其拆分为 2 列。设置右侧单元格的背景图像为 "in_39.gif"，如图 11-20 所示。

图 11-19　拆分第 3 个单元格并设置背景　　　　图 11-20　拆分第 4 个单元格并设置背景

（9）将表格 2 右侧单元格拆分为 2 行，然后在第 1 行单元格中插入动画文件"banner.swf"，并设置其垂直对齐方式为 "顶端"，如图 11-21 所示。

图 11-21　拆分单元格并插入动画文件

（10）在表格 2 下方插入一个 1 行 3 列，宽 1000 像素，填充、间距和边框均为 0 的表格，我们称其为表格 3。

（11）设置表格 3 的背景颜色为 "#2BAEE4"，在左侧单元格中插入图片 "index_37.gif"，在右侧单元格中插入图片 "index_39.gif"，并将该单元格设置为右对齐，如图 11-22 所示。

（12）在中间单元格中输入文本 "Copyright @ 宝贝爱 版权所有 All Rights Reserved"，并设置为居中对齐。

图 11-22　设置表格 3 背景并插入图片

3. 创建可编辑区域

（1）选中表格 2 左侧的嵌套表格，选择"插入" > "模板对象" > "可编辑区域"菜单，打开"新建可编辑区域"对话框，"名称"默认为"EditRegion3"，单击"确定"按钮，创建可编辑区域，如图 11-23 所示。

图 11-23　创建可编辑区域

（2）将插入点置于表格 2 右侧的第 2 个单元格中，单击"标签选择器"中对应的"<td>"标签选中整个单元格，然后将其创建为可编辑区域"EditRegion4"，如图 11-24 所示。

图 11-24　创建可编辑区域

4. 定义 CSS 样式表

（1）选择"窗口" > "CSS 样式"菜单，打开"CSS 样式"面板。单击面板下方的"新建 CSS 规则"按钮 ，打开"新建 CSS 规则"对话框。

（2）在"选择器类型"区选择"标签（重新定义特定标签的外观）"，在"标签"下拉列表中选择"body"，在"定义在"下拉列表中选择"新建样式表文件"，之后单击"确定"按钮，如图 11-25 所示。

（3）打开"保存样式表文件为"对话框，在"保存在"下拉列表中选择网站根文件夹，在"文件名"文本框中输入"s1"，之后单击"保存"按钮，如图 11-26 所示。

图 11-25　"新建 CSS 规则"对话框　　　　　　　图 11-26　保存样式文件

（4）打开"body 的 CSS 规则定义"对话框，设置"字体"为"宋体"，"大小"为"12像素"，"行高"为"20像素"，颜色为黑色，如图 11-27 所示。

（5）在左侧的"分类"列表中选择"方框"，设置"边界"为"0"，之后单击"确定"按钮，如图 11-28 所示。

图 11-27　设置字体、大小、行高及颜色　　　　　图 11-28　设置边界为 0

　　　　此处的边界值是指页面内容距浏览器边界的距离，与"页面属性"对话框中的上、下、左、右边距等效。

Dreamweaver 网页制作简明教程

11.2.2 制作网站首页

在制作好网页模版后，下面在其基础上制作网站的首页。

（1）选择"文件" > "新建"菜单，打开"新建文档"对话框。

（2）单击"模版"选项卡，在"模版用于"列表中选择"站点'宝贝爱'"，在"站点'宝贝爱'"列表中选择前面创建的模版"m1"，然后单击"创建"按钮创建文档，如图 11-29 所示。

（3）按【Ctrl+S】组合键，保存文档为"index.html"。

（4）将插入点置于可编辑区域"EditRegion3"中标志下方的空白单元格中，单击"常用"插入栏中的"表格"按钮，在其中插入一个 8 行 2 列，宽为 248 像素的表格，如图 11-30 所示。

图 11-29　创建文档

图 11-30　在可编辑区域中插入表格

（5）分别在表格的第 1、3、5、7 行插入产品图片，在第 2、4、6、8 行输入对应的文本。自上向下拖动鼠标选中所有单元格，单击"属性"面板上的"居中对齐"按钮，使所有文本和图片在单元格中居中对齐，如图 11-31 所示。

（6）将插入点置于可编辑区域"EditRegion4"中。单击"拆分"按钮，在窗口上方打开代码视图。在符号" "后单击，然后将插入栏切换至"HTML"，单击"frame"按钮，在其下拉列表中选择"iframe 浮动框架"，如图 11-32 所示。

知识库　在网页的表格中嵌入框架，称为嵌入式框架。该框架可以有滚动条，可以在有限的空间里放无限的内容。

（7）插入"<iframe></iframe>"代码，将插入点置于<iframe>标签内部，按空格键，弹出标签选择器，双击其中的"height"，如图 11-33 所示。

图 11-31　在单元格中插入图片和文本　　　　图 11-32　在可编辑区域中插入浮动框架

图 11-33　设置"height"属性

（8）设置"height"值为 280。将插入点置于"height="280""后，按空格键，在弹出的标签选择器中双击"width"，如图 11-34 所示。

图 11-34　设置"width"属性

（9）设置"width"值为"745"。按照同样的方法，在"width="745""后面插入

"frameborder="0"",然后插入 "src" 并单击其右下方的 "浏览" 按钮,如图 11-35 所示。

图 11-35　设置边框和源文件

（10）打开 "选择文件" 对话框,选择要设置为源文件的文档 "news.html",之后单击 "确定" 按钮,如图 11-36 所示。

图 11-36　选择源文件

提示　　　　"news.html" 位于本书附赠素材 "素材与实例" ＞ "baby" 文件夹中,可在开始制作首页前,将其拷贝到本地磁盘中。

（11）保存文档后,按【F12】键预览网页,效果如图 11-37 所示。

图 11-37　预览网页

提示

可参照首页的制作，制作公司简介、联系我们等网页。

11.2.3　制作一级子页

一级子页主要包括我们的产品、我们的服务和我们的动向的下级页面，这里以我们的产品的下级页面为例，来讲解一级子页的制作方法。

（1）参照 11.2.2 节创建网站首页的方法，基于模版"m1"创建一个网页，并将网页保存为"p1.html"。

（2）将插入点置于可编辑区域"EditRegion3"中标志下方的空白单元格中，单击"常用"插入栏中的"表格"按钮，在其中插入一个 8 行 1 列，宽为 248 像素的表格，如图 11-38 所示。

（3）分别在表格的第 1、3、5、7 行插入产品图片，在第 2、4、6、8 行输入对应的文本。拖动鼠标选中所有单元格，单击"属性"面板上的"居中对齐"按钮，使所有文本和图片在单元格中居中对齐，如图 11-39 所示。

图 11-38　在单元格中嵌套表格

图 11-39　在表格中插入图片和文本

（4）将插入点置于可编辑区域"EditRegion4"中，插入一个 1 行 2 列，宽 730 像素的表格，并设置表格"居中对齐"，我们称该表格为"表格1"，如图 11-40 所示。

图 11-40　插入表格并设置对齐

（5）打开"CSS 样式"面板，单击"新建 CSS 规则"按钮，打开"新建 CSS 规则"对话框，在"选择器类型"区选择"类"，在"名称"编辑框中输入"bottom"，在"定义在"列表区选择"s1.css"，之后单击"确定"按钮，如图 11-41 所示。

（6）打开".bottom 的 CSS 规则定义"对话框，在"分类"列表中选择"边框"，取消选择所有的"全部相同"复选框，在样式设置区"下"下拉列表中选择"实线"，在"宽度"设置区"下"编辑框中输入"1"，在"颜色"设置区"下"编辑框中设置颜色值为"#999999"，之后单击"确定"按钮，如图 11-42 所示。

图 11-41　"新建 CSS 规则"对话框　　　　图 11-42　设置边框属性

（7）选中表格，在"属性"面板上"类"下拉列表中选择"bottom"，如图 11-43 所示。

图 11-43　设置表格样式

（8）在左侧单元格中插入图片"dot1.gif"，在右侧单元格中输入文本"配方奶粉"，并设置文本以粗体显示，如图 11-44 所示。

图 11-44　在单元格中输入文本并设置属性

（9）在表格 1 下方插入一个 1 行 4 列，宽 720 像素的表格，称为表格 2。在第 1 个单元格中插入小图片"dot3.gif"，在第 2 和第 4 个单元格中输入内容，为第 3 个单元格设置背景图像"news_hx.gif",并将第 2 个单元格中的文本设置为红色、加粗显示,如图 11-45 所示。

图 11-45　插入表格并设置内容

（10）在表格 2 下方插入一个 2 行 4 列的表格,分别在第 1 行的 4 个单元格中插入图片,在第 2 行的 4 个单元格中输入文本,之后设置图片和文本在单元格中居中对齐,如图 11-46 所示。

图 11-46　插入表格并设置内容

（11）选择表格 2 后按【Ctrl+C】组合键复制,将插入点置于表格 3 下方,按【Ctrl+V】组合键粘贴,将其中的文本改为"婴幼儿配方奶粉",称为表格 4,如图 11-47 所示。

图 11-47　复制表格并设置内容

（12）复制表格 3 并粘贴至表格 4 下方,将其中的图片和文本改为与"婴幼儿配方奶粉"对应的图片和文本,我们称该表格为表格 5,如图 11-48 所示。

（13）按照同样的方法,制作其他产品内容。最后单击并向下拖动左侧表格下方的单元格边框线,使其底端与右侧单元格底端平齐,如图 11-49 所示。

图 11-48　复制表格并设置内容

图 11-49　制作其他产品内容

（14）保存文档后，按【F12】键预览，效果如图 11-50 所示。

图 11-50　预览文档

11.2.4　制作二级子页

二级子页是指一级子页下的产品详细介绍页面或具体新闻页面，下面以产品详细介绍页面为例，讲解二级子页的制作方法。

（1）参照 11.2.2 节创建网站首页的方法，基于模版 "m1" 创建一个网页，并将网页保存为"pp1.html"。

（2）打开文档"p1.html"，将其左侧 8 行 1 列的表格复制并粘贴到"pp1.html"中相同位置，如图 11-51 所示。

（3）将"p1.html"中可编辑区域"EditRegion4"中的第一个表格复制并粘贴到"pp1.html"中相同位置，并将其中的文本改为"婴儿配方奶粉"，如图 11-52 所示。

图 11-51　复制表格

图 11-52　复制表格并编辑内容

（4）在刚复制的表格下方插入一个 1 行 1 列，宽 700 像素的表格，设置表格高为 50 像素，背景图像为"bg.gif"，之后在其中输入文本，并设置文本"居中对齐"，"大小"为"14像素"，加粗，如图 11-53 所示。

图 11-53　插入表格并设置属性和内容

（5）在上述表格下方插入一个 3 行 1 列，宽 700 像素的表格。在第 1 个单元格中插入图片"p1.jpg"，并设置图片居中对齐，如图 11-54 所示。

图 11-54　在单元格中插入图片并设置居中对齐

（6）设置第 2 个单元格的背景图像为 "news_hx.gif"，在第 3 个单元格中输入文本，如图 11-55 所示。

图 11-55　设置单元格内容

（7）拖动左侧表格底部的边线，使其与右侧表格底部的边线齐平。最后保存文件并按【F12】键预览，效果如图 11-56 所示。

图 11-56　预览网页

11.2.5　设置超链接

超链接是网站的灵魂，有了超链接，才能在网站中的各个页面之间来回跳转。接下来为各个页面添加超链接。

1．为模版设置链接

（1）打开模版文件 "m1.dwt"，单击选中网页上方的导航图片，"属性" 面板左下方出现热点工具。

（2）单击 "矩形热点工具" □，在图片上文本 "首页" 所在位置绘制一个矩形热点区域，并在 "属性" 面板上设置链接网页为 "index.html"，如图 11-57 所示。

图 11-57　创建到首页的热点链接

（3）同样，在"我们的产品"上方绘制热点区域，并设置到"p1.html"的链接，如图 11-58 所示。

图 11-58　创建到产品页的链接

（4）可参照同样的方法为其他区域创建链接，最后按【Ctrl+S】组合键保存文档，弹出"更新模版文件"对话框，单击"更新"按钮，如图 11-59 所示。

（5）弹出"更新页面"对话框，更新完毕后，单击"关闭"按钮，关闭对话框，如图 11-60 所示。

图 11-59　"更新模版文件"对话框

图 11-60　"更新页面"对话框

2. 为首页设置链接

（1）打开文档"index.html"，单击左侧第 1 张产品图片，在"属性"面板上设置链接为"p1.html"，如图 11-61 所示。

图 11-61　设置图片链接

（2）拖动鼠标选中图片下方的文本，在"属性"面板上设置链接为"p1.html"，如图 11-62 所示。

图 11-62　设置文本链接

（3）可按照同样的方法，设置其他链接。

提示

> 由于前面没有设置链接样式，接下来我们为链接文本设置样式。

（4）单击"新建 CSS 规则"按钮 ，打开"新建 CSS 规则"对话框。在"选择器类型"区选择"高级"，在"选择器"下拉列表中选择"a:link"，在"定义在"列表区选择"s1.css"，，如图 11-63 所示。

（5）单击"确定"按钮，打开"a:link 的 CSS 规则定义"对话框，在"修饰"区选择"无"

复选框，设置颜色值为"#036C9E"，最后单击"确定"按钮，如图 11-64 所示。

图 11-63 "新建 CSS 规则"对话框   图 11-64 设置"a:link"样式

（6）再次打开"新建 CSS 规则"对话框，在"选择器"类型区选择"高级"，在"选择器"下拉列表中选择"a:visited"，在"定义在"列表区选择"s1.css"，之后单击"确定"按钮，如图 11-65 所示。

（7）打开"a:visited 的 CSS 规则定义"对话框，在"修饰"列表区选择"下划线"复选框，设置颜色为黑色，之后单击"确定"按钮，如图 11-66 所示。

图 11-65 "新建 CSS 规则"对话框   图 11-66 设置下划线和颜色

（8）按照同样的方法，设置"a:hover"和"a:active"的样式，如图 11-67 所示。

图 11-67 设置"a:hover"和"a:active"样式

由于其他网页链接的设置方法与首页相似，此处不再详细讲解。

课后总结

制作网站时，首先要做好规划，定义站点并准备好相关素材。制作时，可首先制作首页，然后制作其他子页，用户可利用模板和 CSS 样式表来统一网站风格，并达到事倍功半的效果。此外，用户在设置超链接时，目标网页一定要设置正确。

思考与练习

一、简答题

简述制作网站的步骤。

二、操作题

试着制作一个属于自己的个人网站。可参考图 11-68 所示的主页效果图制作（最终效果请参考本书附赠素材"素材与实例" > "personal"）。

图 11-68　个人网站主页

提示：

该个人网站的首页与网站中的其他页面结构不一致，可以先制作好首页，然后制作一个模板，并在模板的基础上制作其他页面。